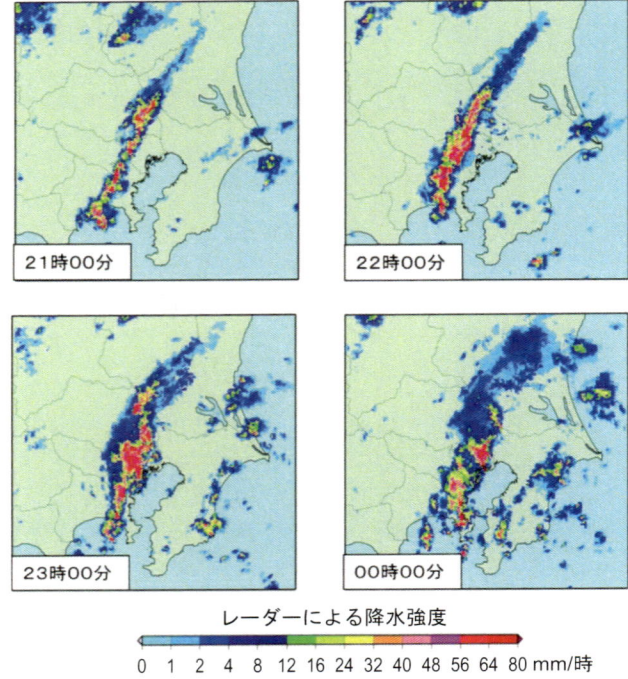

口絵1　2005年9月4日21時〜5日00時のレーダーによる毎時の降水強度（レーダー観測による瞬間値）
「平成17年9月4日から5日の大雨に関する東京都気象速報（第2報）」（東京管区気象台,2005年9月5日,http://www.jmanet.go.jp/tokyo/sub_index/bosai/disaster/20050905/20050905.pdf）による．（本文図8.3参照）

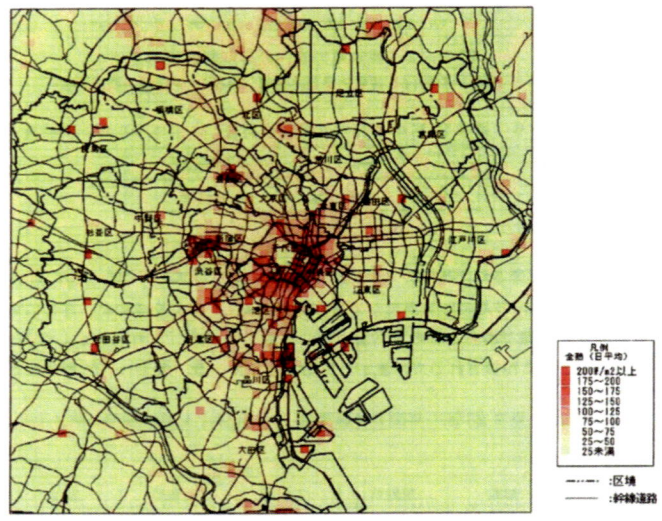

口絵2　東京23区の環境への排熱量（全熱）
ヒートアイランド調査検討委員会[57]の図1-3による．

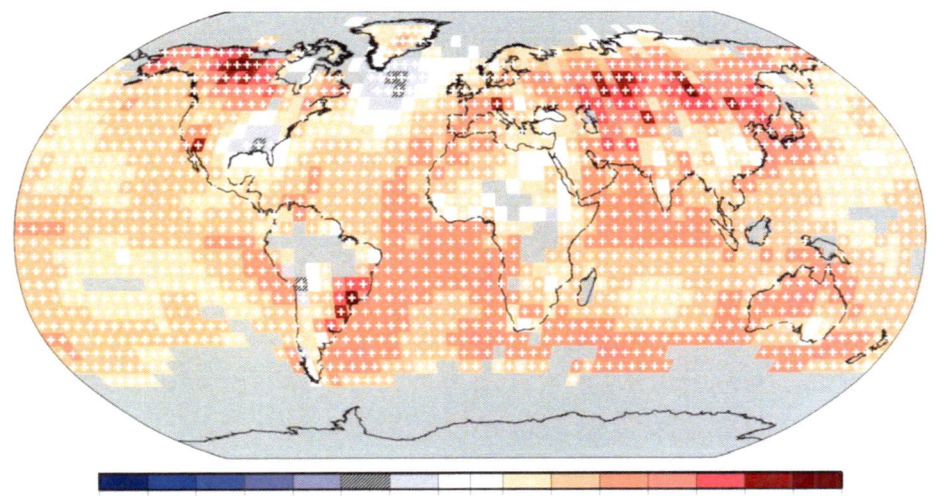

口絵3　世界の気温の経年変化率（1901〜2005年）
IPCC第4次評価報告書［92］のFig.3.9（左）．白抜きの＋は変化が危険率5％で有意（5.3節参照）であることを示す．（本文図3.5参照）

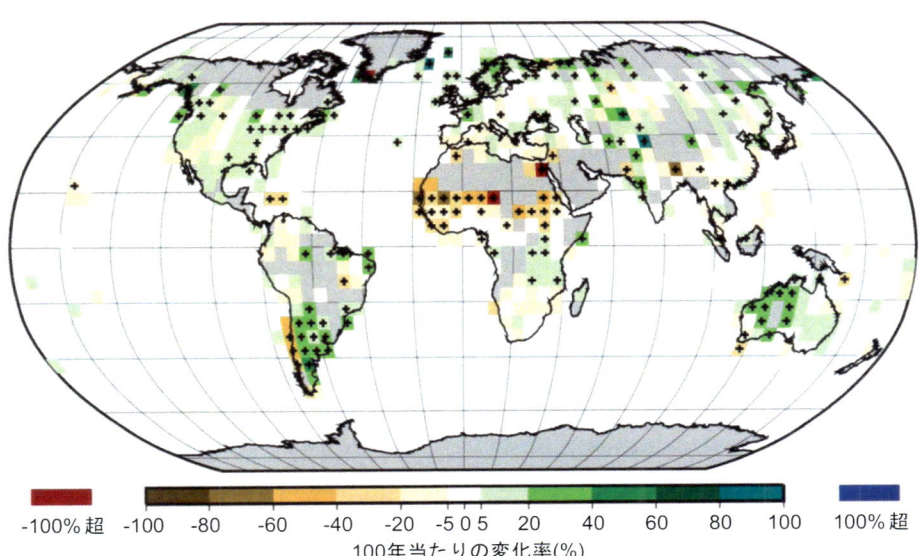

口絵4　世界の降水量の経年変化率（1901〜2005年）
IPCC第4次評価報告書［92］のFig.3.13の上半分．＋は変化が危険率5％で有意であることを示す．（本文図8.7参照）

気象学の新潮流

新田　尚
中澤哲夫
斉藤和雄
[監修]

①

都市の気候変動と異常気象

猛暑と大雨をめぐって

藤部文昭 [著]

朝倉書店

はじめに

　東京で夕涼みがなくなった‥‥という話題を見かけたのは，1970年代のことである．昔の夏は，昼間は暑くても夕方になれば涼しい風が吹いてきて，夕涼みを楽しむことができたのに，都市が巨大化した今はヒートアイランドのため日が暮れても暑さが続く‥‥という内容だった．それから30年以上が過ぎ，ヒートアイランドに地球温暖化も加わって，夏の暑さはますます耐え難いものになってきた．高齢者を中心として暑さによる被害が相次ぎ，2010年の夏は記録的な猛暑の中，熱中症のため全国で1700人以上が亡くなる事態となった（7.5節参照）．2011年は6月から猛暑になり，東日本大震災の被災者や高齢者の健康を電力不足の中でどう守っていくかが問題になった．夕涼みどころか，夏の暑さは人命に関わる気象災害という様相を帯びている．

　猛暑と並んで，毎年繰り返されるのは大雨による災害である．特に，局地的・突発的に降る大雨の被害が目立つ．2008年の夏，神戸の都賀川が上流に降った雨のため急に増水し，二十数人が流されて子ども3人を含む5人が亡くなった事故や，東京の雑司ヶ谷でマンホールの出水のため作業員5人が亡くなった事故はその例である．「ゲリラ豪雨」という言葉が世の中に広まってきたのもこのころからである．2011年には，7月末の新潟・福島豪雨に続き，9月には台風12号に伴う大雨のため紀伊半島を中心として100人近い犠牲者を出した．

　また一方，低温や少雨も珍しくない．2011年1月に記録的な寒さとなったのに続き，2012年の冬は前年の末から低温が継続し，各地で大雪のため雪下ろし中の事故や幹線道路上の車の立ち往生が相次いだ．少雨による渇水や取水制限も2，3年に1回は国内のどこかで起きている．

　これらの事象は，しばしば異常気象として取り上げられ，地球温暖化，あるいは都市化との関わりが取りざたされる．そして，今後さらにさまざまな形で

異常な現象が増えていくことが心配されている．

しかし，最近は本当に異常気象が多いのだろうか．そもそも「異常気象」という言葉はいつごろからあったのだろう？

『異常気象覚書』という本がある［54］．これは畠山久尚，高橋浩一郎の両氏（ともに，後に気象庁長官）が雑誌へ連載した「毎月の眼立つた気象現象」[1]についての記事をまとめ，1944年に出版したものである．その序文にはこう書かれている．

> 「ふりかへつて見るにこの二年余の間には，慌だしい世界の雲行きを反映した訳でもあるまいが，実に色々の気象学的な災害が起つて居る．旱魃，豪雨，台風，落雷，突風，酷寒，大雪等殆ど数へ挙げらるべき総てのものがこの間に凝集して起つたかの様にも思はれるのである．」

「この二年余」とあるのは1939〜1941年のことで，「慌だしい世界の雲行き」という言葉には実感がこもる．そして，その緊迫した国際情勢の下でも異常気象が関心を持たれていたのが印象的である．その十数年後には，中央気象台の産業気象課長だった大後美保（だいごよしやす）氏が次のように書き記した［41］．

> 「最近は，多くの人々が異常天候ノイローゼにかかっているのではないかと思いあたるふしが多い．ところが人ごとではなく，いつか自分もこのノイローゼに多少かかっている気味があるのに気がついた．
>
> というのは，最近は非常に災害が多い．昭和二十九年の主な農業災害を数えあげてみても，風雪害一，風害八，風水害一〇，水害一二，凍霜害六，雹害六，雷害一，その他冷害，干害などが発生している．（略）これでも昭和二十九年は災害の少なかった方で，昭和二十八年はさらに多かったのである．」

異常気象や気候変動に興味のある人なら，これらの文章に既視感を持つのではないだろうか？　言葉づかいの古さ・新しさを別とすれば，気象の「異常さ」は今もよく語られる．和達清夫（わだち）（元気象庁長官），倉嶋厚（気象庁，後にお天気キャスター）の両氏は，「近ごろの言葉は乱れている」，「近ごろの若い人は‥‥」と同様，「近ごろの天気は，どうもおかしい」という話がいつの世にも

あったことを例を挙げて指摘した［75］．そして，「異常気象を，このような筆法のみで表現するかぎりは，天気は毎年異常なのではないかという考えにたどりつき，なんとなく「近ごろの若い人」「近ごろの言葉」と同じような気がしてくるのである」と述べ，「異常気象の問題が時おり，はなはだしくセンセーショナルに取り上げられ，またしばしば短絡的に終末論に組みこまれてしまうことが多いこと」を批判している．

こう書いたからといって，気候変動やそれに伴う異常気象の増加がウソだと言うのではない．地球温暖化や都市の高温化による異常高温の増加はまぎれもない事実であるし，大雨が増えていることも後述（8.4節参照）のようにデータを使った解析によって確認されている．今後，地球温暖化が進むにつれて夏の暑さはさらに厳しくなり，また，これまでに経験したことのないような大雨や巨大な台風によって，大規模な災害が起きる可能性もないとは言い切れない．そういう危機意識に基づいて防災対策を講じていくことは，それはそれで大事である．

ただ，気候変動は単純な危機論だけでは捉え切れない奥の深さを持っている．それらに適切に対応していくためには，いたずらにセンセーショナリズムに流されず，変化の実態やメカニズムをきちんと理解することが大切である．その際には，いろいろな現象が「異常気象」と感じられ，人々の不安を呼び起こすのが世の常であったいう視点を忘れてはなるまい．『異常気象覚書』の序文には，こうも書かれている．

「我が日本の国土は亜細亜大陸と太平洋の間にあり，又熱帯と寒帯の間にあるために，その気象状態は地球上でも珍しい複雑さを呈し，暑いにつけ寒いにつけ又雨につけ風につけ，毎月人の口の端に上る様な気象的な話題が必ず三つや四つはある．」

異常気象と呼ばれる現象が，「毎月人の口の端に上る様な」ものの類なのか，それとも，その背後に真の変化が隠れているのか．それを確かめるためには，よくデータを調べ，気候変動の実態を見極めることが必要である．

本書では，日本の猛暑や大雨に関連する気候学的な話題を，地球温暖化や都市気候あるいは局地気象などの関連テーマを含めてひと通りまとめてみた．ま

ず序論として，明治時代の気候や気象災害を紹介し，続いて，人為的な気候変動の 2 大要因である地球温暖化と都市の高温化について概観する．後半では，夏の暑さや降水の長期的な変化の実態を紹介する．筆者の専門分野が都市気候や局地気象であるため，これらに多くのページが割かれていることをお断りしておきたい．

2012 年 3 月

藤 部 文 昭

◆◆ 注 ◆◆

1) 本書で文献の文章を引用するときは原則として原文のままにした．ただし旧字体の漢字は新字体に変え，片仮名は平仮名にした．

目　　次

1. 明治時代の気候と気象災害 ——————————————————— 1
   1.1 明治期と平成期の東京の気候比較　1
   1.2 明治時代の気象災害　7
   1.3 日本の気象観測の歴史　12

2. 地球温暖化の実態とメカニズム ——————————————— 16
   2.1 全球平均気温の長期変化　16
   2.2 温室効果と地球温暖化　18
   2.3 気候変動への取り組み　21
   2.4 気候変動の多様性　24
   2.5 平年値と地球温暖化　27

3. ヒートアイランドの性質 ————————————————————— 32
   3.1 ヒートアイランドの発見　32
   3.2 晴れた夜のヒートアイランド　34
   3.3 地表面の熱収支　35
   3.4 ヒートアイランドを作り出す熱収支変化　40
   3.5 ヒートアイランドの立体構造と昼夜差　45

4. 都市気候をめぐる話題 ——————————————————————— 49
   4.1 緑地クールアイランド　49
   4.2 休日は都市の気温が低い　52
   4.3 都市の乾燥化　54

4.4　都市の霧とその長期変化　55
　4.5　都市の雪と霜の長期変化　59
　4.6　大都市ヒートアイランドの進行は鈍化している？　60

5.　気候変動の信頼性に関する問題 ──────── 64
　5.1　地球温暖化の評価における都市バイアス　64
　5.2　観測方法の変遷とデータの均質性　70
　（1）測器の種類の変更　70
　（2）観測時刻の変更　71
　5.3　気象データの統計における問題点　74

6.　夏の局地風と広域ヒートアイランド ──────── 81
　6.1　海風と陸風　81
　6.2　山谷風と広域海風　84
　6.3　ヒートアイランドが作り出す風　89
　6.4　大都市圏の広域ヒートアイランド　91

7.　猛暑の実態とその長期変化 ──────── 97
　7.1　日本の高温の記録　97
　7.2　猛暑の地域特性　100
　7.3　フェーン現象をめぐって　102
　7.4　関東内陸部の猛暑増加とヒートアイランド　106
　7.5　気象災害としての猛暑　108

8.　気候変動と降水の変化 ──────── 112
　8.1　日本の大雨の記録　112
　8.2　大雨の極値統計　116
　8.3　大雨をもたらす線状降水帯　118
　8.4　地球温暖化と大雨の増加　123
　8.5　降水量データの均質性の問題　126

9. 都市が降水に与える影響 ―――――― 132
　9.1　都市の大雨と災害　132
　9.2　都市と降水の関係についての考え方　135
　9.3　都市の降水変化の実例とメカニズム　139
　9.4　東京とその周辺の降水活動に対する都市の効果　142

参 考 文 献 ―――――― 149
お わ り に ―――――― 157
索　　　引 ―――――― 159

◆ コラム ◆

1 ◆ 室戸台風による学校被害　10
2 ◆ 温室が暖かい理由は温室効果ではない　20
3 ◆ グスコーブドリの伝記　26
4 ◆ 特異日　29
5 ◆ 混合層と気温の高度分布　38
6 ◆ ヒートアイランドと温室効果　44
7 ◆ 煙霧とスモッグ　58
8 ◆ 気候変動の大きさについての感覚　65
9 ◆ アメダスで見た都市バイアスと日だまり効果　68
10 ◆ 気候変動のランダム性と異常気象　78
11 ◆ 区内観測による高温記録　99
12 ◆ フェーンとボラ　106
13 ◆ 2010年の猛暑　110
14 ◆ 元祖「ゲリラ豪雨」　115
15 ◆ 1896年の彦根豪雨　121
16 ◆ 雲量の長期変化　129
17 ◆ ラポート論争　138
18 ◆ 環八雲　143
19 ◆ 都市の微雨　146

明治時代の気候と気象災害

「はじめに」でも述べたように，気象災害や気象異変が起きるごとに，先例のない特異な現象が起きたかのような言い方がされる．これらを聞いていると，現代は異常気象が頻発する時代であるような印象を受ける．一方，和達，倉嶋の両氏が指摘するように，気象の「異常さ」は昔から常に語られてきたというのも事実である．では，過去の気象は実際のところどうだったのだろうか？ 本章では，明治時代の気候や気象災害の様子を，過去のデータを使ってまとめてみた．

◆◇◆ **1.1 明治期と平成期の東京の気候比較** ◆◇◆

1875（明治8）年6月1日，東京気象台が赤坂（今のホテルオークラ付近）に設立された．当時の東京府の人口は100万ぐらいだった[1]．この6月1日は気象記念日になっている．その後，気象台は1882年に江戸城本丸跡の近く（今の皇居東御苑），1923年に麹町区元衛町(もとえ)（今の千代田区大手町）へと場所を移しながら，135年以上にわたって都心部での観測データをとり続けてきた[2]．この間，東京は周辺50 km圏内の総人口が3000万を超える大都市圏に発展した（図1.1, 1.2）．なお，東京気象台は1887年に中央気象台と改称され，1956年には気象庁として再編された．

表1.1は，東京の観測記録を明治期（1876～1912年）と平成期（1989～2010年）について比べたものである[3]．年平均気温は平成期のほうが3℃近く高い．明治期の東京の年平均気温13.8℃は，平成期の水戸や宇都宮など北関東の都市

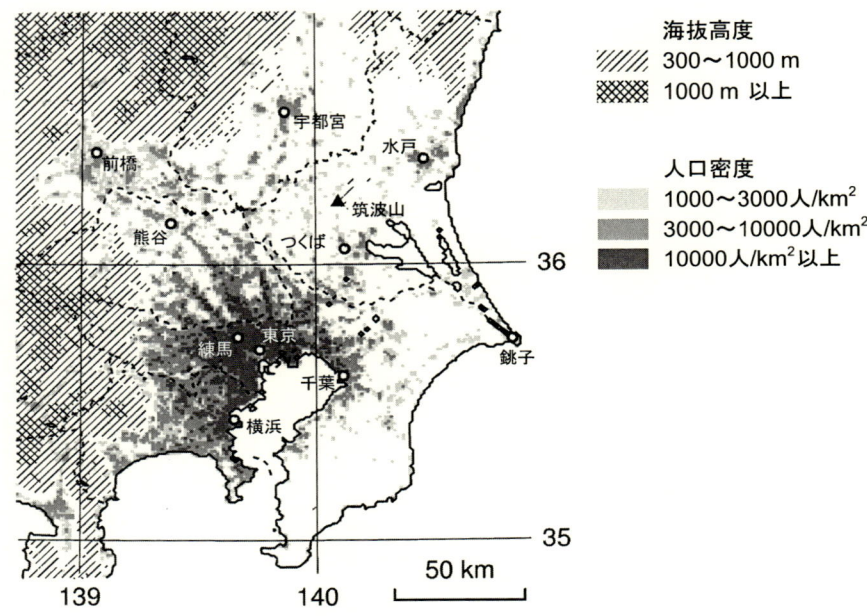

図 1.1 関東の地形と人口分布
人口は 2000 年の国勢調査のデータによる．

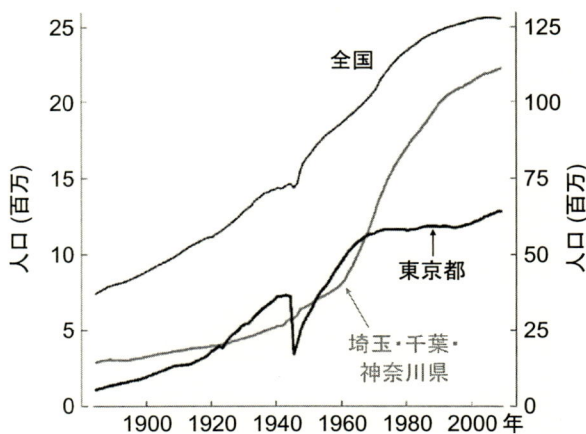

図 1.2 東京都（1943 年までは東京府；左目盛り）と隣接 3 県（埼玉・千葉・神奈川；左目盛り）および全国（右目盛り）の人口の変化（1884～2009 年）

表 1.1 明治期（1876〜1912 年）と平成期（1989〜2010 年）の東京の観測記録

	1876〜1912（明治 9〜45 年）37 年間	1989〜2010（平成元〜22 年）22 年間
年平均気温	13.8℃	16.5℃
最高気温の年平均値	18.5℃	20.2℃
最低気温の年平均値	9.6℃	13.2℃
最高気温の年最高値	33.8℃　最高 36.6℃（1886 年 7 月 14 日）	36.3℃　最高 39.5℃（2004 年 7 月 20 日）
最低気温の年最低値	−6.4℃　最低 −9.2℃（1876 年 1 月 13 日）	−0.8℃　最低 −2.4℃（2001 年 1 月 15 日）
最高気温 30℃以上の日数（真夏日）	32.1 日　最多 65 日（1894 年）	52.1 日　最多 71 日（2010 年）
最高気温 35℃以上の日数（猛暑日）	0.2 日　最多 3 日（1894 年）	3.9 日　最多 13 日（1995, 2010 年）
最低気温 25℃以上の日数（熱帯夜）	1.1 日　最多 6 日（1894 年）	29.6 日　最多 56 日（2010 年）
最低気温 0℃未満の日数（冬日）	66.5 日　最多 100 日（1881 年）	2.7 日　最多 9 日（2006 年）
年平均湿度	75%	61%
年降水量	1526 mm	1592 mm
降水量 100 mm 以上の日数	0.7 日	1.1 日
1 時間 20 mm 以上の降水観測日数	1.9 日[1]	3.1 日
霧日数	15.2 日	2.1 日
初雪	12 月 25 日[2]　最早 11 月 17 日（1876, 1900 年）	1 月 5 日[3]　最早 12 月 3 日（1998 年）
終雪	3 月 18 日[2]　最晩 4 月 10 日（1902 年）	3 月 8 日[3]　最晩 4 月 17 日（2010 年）
初霜	11 月 9 日[2]　最早 10 月 21 日（1909 年）	12 月 26 日[3]　最早 12 月 9 日（2000 年）
終霜	4 月 7 日[2]　最晩 5 月 13 日（1902 年）	2 月 14 日[3]　最晩 4 月 1 日（2001 年）

1) 1890〜1912 年，2) 1876 年秋〜1912 年春，3) 1989 年秋〜2011 年春．
日数や回数は 1 年当たりの値．気象庁データのほか，気象庁の気候』[48] および気象庁天気相談所の作成による東京管区気象台の資料（http://www.jma-net.go.jp/tokyo/sub_index/kiroku/top.html）を使った．

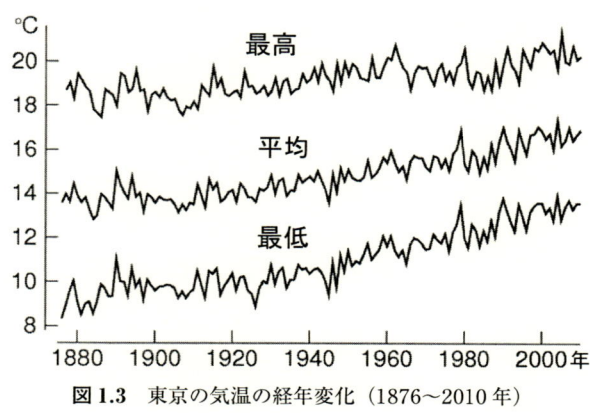
図1.3 東京の気温の経年変化（1876～2010年）

よりも低く，小名浜（いわき市）とほぼ同じである．最高気温よりも最低気温の上がり方が大きく，この結果気温の日較差，すなわち最高気温と最低気温の差は縮まっている[4]．図1.3は東京の平均・最高・最低気温の変化をグラフにしたものである．それぞれ，年によって上下の変動があるが，このような変動をならしてみれば，気温は135年間を通じて上昇し続けてきたこと，特に最低気温の上がり方が大きいことがわかる．1901～2010年の変化を直線で近似すると，年平均気温の上昇率は100年当たり3.0℃である．最高・最低気温の上昇率はそれぞれ1.8℃，3.9℃となる．

　最低気温が上がるのに合わせ，冬日すなわち最低気温が氷点下になる日は大幅に減った．明治期には冬日が1年間に平均66日，多いときには100日に達したのに対し，平成期は約3日にとどまり，冬日がまったくない年も現れるようになった．一方，熱帯夜日数すなわち最低気温25℃以上の日数は[5]，明治期には37年間の合計でわずか40日[6]だったのに対して，平成期には1年でこれを超える年も現れ，2010年には過去最高の56日となった（図1.4）．

　一方，真夏日（最高気温30℃以上の日）のほうは明治期には1年間に32.1日，平成期は52.1日であり，熱帯夜ほど極端には増えていない．明治時代も真夏の日中は結構暑かったことがうかがえる．なかでも1894年は真夏日が65日を数え，これは今でも多い部類に入る．この年は極端な空梅雨で，6月半ばから30℃以上の日が続き，真夏日は6月に10日，7月に27日，8月に26日とな

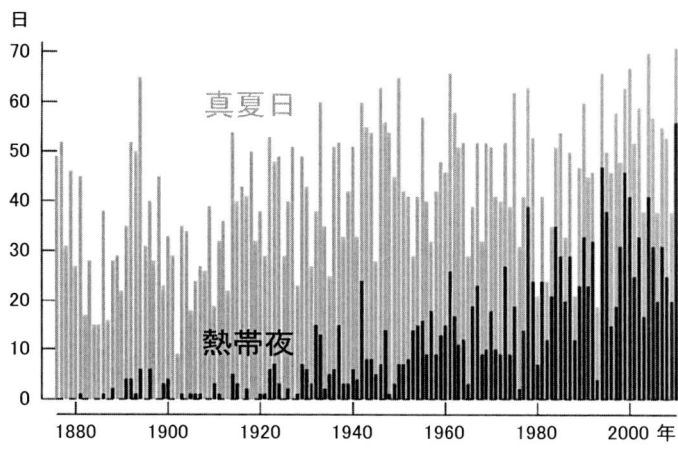

図 1.4 東京の真夏日（最高気温 30℃以上；灰色）と熱帯夜（最低気温 25℃以上；黒色）の日数の経年変化（1876～2010年）

っている．当時は当然エアコンはなく，扇風機もほとんど普及していなかったので，さぞ暑さが身にこたえただろう．ただ，このころは午後のピーク時は暑くても，夕方になれば気温が下がるのが普通だった．1894年も熱帯夜は6日にとどまっている．これに対して今の東京は夜遅くまで30℃以上の暑さが続くことがあり，まさに夕涼みが失われたと言える．

　変化したのは気温だけではない．平成期は明治期に比べ，湿度が大幅に下がっている．また，霜が降りにくくなり，初霜は1カ月半遅れ，終霜は早まっている．初雪が遅れ，終雪が早まる傾向も見られるが，その変化は10日ぐらいであり，霜に比べて小さい．2010年には4月17日に雪が降り，遅い終雪のタイ記録になって話題になった．霧日数[7]は明治期よりも平成期は少ないが，これは実は，大正から昭和のはじめにかけて激増し，戦後には一転して減るという特異な変化をしている（4.4節参照）．

　桜の咲く日はどう変わってきただろうか．1927年以降の開花日と満開日を図1.5に示す．開花日・満開日とも早くなる傾向があり，戦前は4月になってから満開になるのが普通だったが，今は3月中に満開になる年のほうが多い．この間の変化を直線で近似すると，開花日も満開日も10年当たり1日，すなわち100年当たり10日ぐらいの割合で早くなっている．春は1カ月当たり5℃ぐら

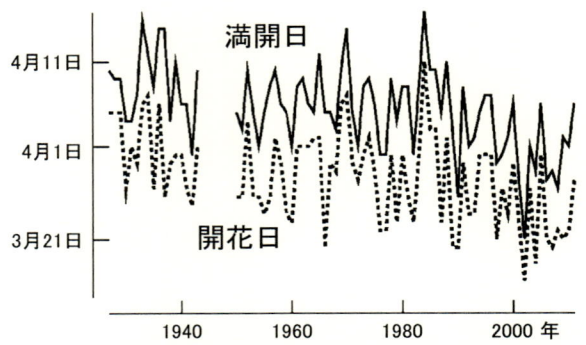

図 1.5 東京の桜の開花日と満開日の経年変化（1927〜2011 年，ただし 1944〜1949 年はデータなし）
気象庁天気相談所の作成による東京管区気象台の資料（http://www.jma-net.go.jp/tokyo/sub_index/kiroku/kiroku/top.html）を使った．

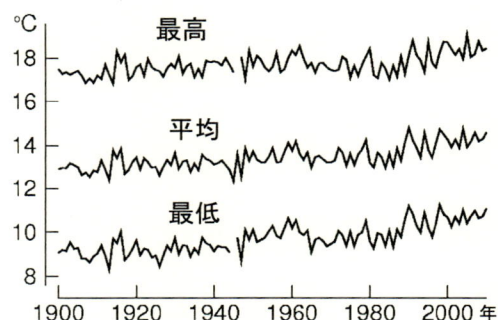

図 1.6 気象庁の気候変動監視に使われている国内 17 地点の年平均気温の経年変化（1901〜2010 年）
地点は，網走，根室，寿都，山形，石巻，伏木，長野，水戸，飯田，銚子，境，浜田，彦根，宮崎，多度津，名瀬，石垣島．

いの率で気温が上がっていくので，10 日間の気温変化は 2℃ 弱に相当する．これは実際の気温の変化率（図 1.3）よりも小さいが，気温の上昇が桜の開花を早めていることがうかがえるだろう．

降水について見ると，年降水量には大きな差がないが，日降水量 100 mm 以上の大雨の日数や，1 時間 20 mm 以上の強い雨の回数は，平成期のほうが多い．すなわち，雨がまとまって降る傾向が出てきている．降水の変化については第 8 章以降で取り上げる．

東京に限らず，日本の大都市では一部を除き，過去100年間に2〜3℃の昇温が起きている．図1.6は比較のため，中小都市17地点の気温の長期変化を示したものである．これらの地点は「観測データの均質性が長期間維持され，かつ都市化などによる環境の変化が比較的少ない」という条件で選ばれたもので，その気温データは気象庁による日本の気温変動監視の指標になっている［23］．17地点について平均した1901〜2010年の気温上昇率は，年平均気温については100年当たり1.2℃，最高・最低気温はそれぞれ0.8℃，1.6℃であり，いずれも東京の半分以下である．これは，東京の高温化に都市化が大きく関わっていることを裏づける[8]．

◆◇◆ 1.2　明治時代の気象災害 ◆◇◆

　日本は太古以来いろいろな災害を受けてきた．表1.2は明治以降の気象災害のうち，500人以上の死者・行方不明者を出したものの一覧である．表1.2の中には低気圧の暴風雪による大量海難（1910年）や大火（1934年）もあるが，多くは台風による高潮や大雨による大河川の氾濫・決壊など，広い範囲にわたる風水害である．『台風・気象災害全史』［68］には，その主なものが詳しく紹介してあり，それぞれの災害による凄まじい状況が描かれている．

　表1.2に挙がっているのは，多くの犠牲者を出した大規模な災害であるが，都市生活の視点から見た気象異変の状況はどのようであったろうか．1964年に作られた「東京都60年間の異常気象」［25］には，1901〜1960年に東京で起きた「異常気象」が解説されている．これは，新聞記事などをもとにして集めたもので，「宮城（皇居）のお堀で魚が死んだ」（少雨に伴う水質悪化のためらしい）など災害とは言えないようなものも含まれているが，当時話題になった気象異変を知るのには便利な資料である．表1.3は，この資料の中から最初の10年間（1901〜1910年）の項目を示したものである．

　表1.3でまず目につくのは「大火」が多いことだ．この資料で言う「大火」とは被災戸数が100戸以上のものを指す．三宅島で起きた1件を除くと，東京府内でこの10年間に7回，すなわち1〜2年に1回の割合で大火が起きている．なお，1910年代にはさらに回数が増えて規模も大きくなり，6500戸を焼いた

表 1.2 明治以降に日本で500人以上の死者・行方不明者を出した気象災害

年月日	現象	死者・行方不明[1]	主な被災地域	備考
1870.10.12	暴風雨	669 以上	東北・関東・中部・近畿・四国	
1871.7.4	暴風雨・高潮	751 以上	関東・北陸・近畿・中国・四国	
1884.8.25	台風	1992	岡山・広島・愛媛など	
1884.9.15	台風	530	東北・関東・中部・近畿	
1889.8.19	大雨[2]	1496	奈良・和歌山	十津川大水害
1893.10.13	風水害	1719	北陸・近畿・四国・九州	
1899.8.28	台風	1161	愛媛・香川	
1910.3.12	海難	千数百	銚子・鹿島灘沖	
1910.8:1〜16	大雨・台風	1357	東北・関東・北陸	関東大水害
1917.10.1	台風	1300	近畿〜東北, 特に東京	東京湾で高潮
1921.9.25	台風	691	東北・北陸・中部・近畿・中国	
1927.9.13	高潮	719	熊本	
1934.3.21	暴風（函館大火）	2166	函館	
1934.9.21	室戸台風	3036	近畿	
1938.6.28〜7.5	水害	925	近畿〜東北, 特に兵庫	阪神大水害
1942.8.27〜28	台風	1158	九州〜近畿, 特に山口	周防灘台風
1943.9.20	台風	970	中国・四国・九州	
1945.9.17〜18	枕崎台風・大雨	3756	中国・九州, 特に広島	
1947.9.15〜16	カスリーン台風	1930	関東・東北	
1948.9.15〜17	アイオン台風	838	東北〜四国, 特に岩手	
1950.9.3	ジェーン台風	539[3]	近畿・中国東部・四国	
1951.10.14	ルース台風	943	全国, 特に山口	
1953.6.24〜29	大雨	1013	九州北部	
1953.7.17〜21	大雨	1124	近畿	南紀豪雨
1954.9.26〜27	洞爺丸台風	1761	全国, 特に北海道	
1957.7.25〜28	大雨	722[4]	九州, 特に長崎	諫早豪雨
1958.9.26〜27	狩野川台風	1269	近畿以北, 特に静岡	
1959.9.26〜27	伊勢湾台風	5098	全国, 特に愛知	

1) 1944年までは『台風・気象災害全史』[68], 1945年以後は気象庁ホームページ「災害をもたらした気象事例（昭和20〜63年）」(http://www.data.jma.go.jp/obd/stats/data/bosai/report/index_1945.html) による. なお, 明治時代の死者数は文献により異なるものや, 不確実と思われるものが少なくない.
2) 2011年台風12号に類似した台風による.
3) 『台風・気象災害全史』では508人, 4)『台風・気象災害全史』では992人.

吉原大火（1911年）や約2000戸が焼失したとされる神田の大火（1913年）を含め, 1911〜1920年の10年間で14回の大火が記録されている[9].

1902年9月28日の台風は, 20世紀の台風の中でも関東平野に最大級の強風をもたらしたものである [38]. この台風は小型だが, 中心気圧960 hPa以下と

表 1.3　1901〜1910 年の東京の異常気象

年	月　日	事　象	場　所
1901 年	3 月 27〜28 日	魚類の斃死	宮城の堀
1902 年	1 月 8 日	雨氷	東京
	7〜8 月	冷夏	東京
	8 月上旬	大雨	東京
	9 月 28 日	台風による暴風雨	東京
1903 年	6 月 4 日	大火	岩淵町
	9 月 23 日	台風に伴う豪雨と竜巻	東京・淀橋
1904 年	3 月 13 日	大雪	南千住
	7 月 10〜12 日	台風による豪雨	東京
	7 月 23, 31 日	雷雨	東京
	12 月 7 日	大火	三宅島
1905 年	7〜8 月	冷夏	東京
	12 月	のりの豊作	東京湾
1906 年	1 月 31 日	大火	浅草
	2 月 19 日	大火	麻布谷町
	5 月 6 日	大火	根津
	7 月 24〜28 日	台風による大雨	東京
	8 月 24 日	台風による豪雨	東京
	12 月 9 日	強風	品川沖
1907 年	8 月 22〜28 日	台風による大雨	東京
	9 月 18 日	台風による豪雨	東京
1908 年	2 月 17 日	大火	浅草・岩淵町
	4 月 8〜9 日	大雪	東京
	6 月 8 日	降雹と竜巻	東京
	6 月 16 日	竜巻	板橋
	8 月 11 日	竜巻	柏木
	9 月 29〜30 日	豪雨	東京
1909 年	2 月 2 日	凍雨	東京
	2 月 23 日	大火	越中島
1910 年	3 月 1 日	大火	本所
	3 月 12 日	大雪	東京
	3 月 15 日	風塵	東京
	7〜8 月	冷夏	東京
	8 月 7〜11 日	台風による豪雨	東京
	10 月 11〜13 日	豪雨	東京

『東京都 60 年間の異常気象（1901〜1960 年）』[25] による．ただし，地震や火山災害などは除いた．

いうかなり強い勢力を持っていた上，移動速度が速く，房総半島から新潟まで時速約 100 km で本州を横切った．一般に，強い台風の中心付近では，台風自身の渦による風に移動速度が重なるため，速く進む台風の右側は非常な強風になる．この台風も，その東側に当たる茨城県や栃木県に大風害をもたらし，両

県で3万3000戸の家屋が倒壊した．この年から通年の観測が始まった筑波山頂[10]では，何と103.0 m/sという風速（20分間の平均風速）が記録されている．ただし，大正時代になって当時の風速計は風を強く測りすぎていたことがわかり，観測値を一律0.7倍する修正が行われた．これによって上記の観測値は72.1 m/sになり，これがその後の公式記録とされた[11]．なお，この台風は山形県にも「300年来の暴風雨」をもたらしたという．

　大雨災害も頻繁に起きている．最近は「ゲリラ豪雨」による急な出水が問題になっているが，明治時代の水害はその程度のものではなく，街全体が水没することもまれではなかった[12]．1907年8月と1910年8月の水害は東京の「明治三大洪水」に数えられていて，このうち1910年のものは表1.2に載っている通称「関東大水害」である．このときは，数日間に関東西部〜北部で場所によっては1000 mmを超える雨が降り，利根川や荒川が氾濫して埼玉県〜東京府の広い範囲が水没した．水深は牛込区で3.3 m，下谷区や本所区で3 mに達し，府下の浸水家屋は19万戸という［25］．このちょうど1年後の1911年8月9〜10日にも大雨があり，神田川や江戸川などが氾濫して9万戸が浸水した．こちらは1910年に比べると局地的なものであった．なお，東京の「明治三大洪水」の残る1つは1896年9月のもので，これについては8.2節で触れる．

　1903年9月23日には本州を縦断する台風に伴って竜巻が起き，豊多摩郡淀橋高等尋常小学校の教場（校舎）を全壊させた[13]．このため生徒150人が下敷きになり，10人が亡くなったという［25］．当日は，豊多摩郡落合村小学校でも「大風」のため教場2棟が全壊したことが記録されている（こちらは死傷者なし）．

コラム1 ◆ 室戸台風による学校被害

　風による学校の倒壊という点では，1934年の室戸台風を忘れることができない．この台風は大阪やその周辺で多くの学校の校舎を吹き倒し，それによる死者数は大阪市だけで267人，周辺の地域を含めると293校で893人（大半は小学生）にのぼった［74］．室戸台風による全国の死者・行方不明者は3066人とされており，その約3割が学校倒壊の犠牲

者であったことになる．この災害の実態については上村武男氏が詳しく紹介している [7]．これ以降，木造校舎をコンクリートに造り替える動きが広まったという．

室戸台風は室戸岬で 911.6 hPa の気圧を記録した．これは南西諸島を除く日本の最低記録であり，この台風が稀有の強さだったことがわかる．しかし，室戸台風が超大型台風だったかというと，そうではない．台風の強さ（中心気圧の低さ，すなわち中心付近の風の強さ）と大きさ（強風範囲の広さ）とは別である．室戸台風は，強いわりに暴風域は狭く，これがかえって大きな被害を出す一因になった．この事情を，台風の被害を実地調査した大谷東平氏は以下のように記している [47]．

> 「今回の台風は，中心附近に於て気圧急降，従つて風も中心附近に格段に強かりしも，その半径小なりし為，暴風の吹続時間及び風害比較的範囲小なり．然れ共不幸その中に京阪の工業地帯を含みし為かくは大事に至りしものなり．但し中心の北側に於て風弱き為神戸工業地帯の無事なりしは真に喜ぶべき事なるも，一方より考ふれば，此の為に台風接近前の大阪は風力弱かりし為，多数児童は登校して，遭難せしもの多かりしは悲しみて余りあるべし．」

台風が大阪に最接近したのは 9 月 21 日 08 時ごろだった．大阪測候所では 08 時過ぎに風速計が 60 m/s を示し，直後に測風塔が壊れたのだが，その 1 時間前の風速は 12.8 m/s で，06〜07 時の降水量はわずか 2.2 mm だった．当時は気象衛星やレーダーがなく，また，台風が通った地域からの通信が途絶えたため，台風がこれほど強いことを前もって知ることができなかった．

その 27 年後，1961 年に第 2 室戸台風が来襲したとき，大谷氏は大阪管区気象台長だった．大谷台長はみずからラジオのマイクの前に立ち，避難を呼びかけたというエピソードがある．この台風の高潮で大阪湾沿岸は広範囲に浸水したが，避難が早く人的被害を免れることができ，全国の死者・行方不明者は 200 人にとどまった．

1908 年 6 月 8 日には，雷雨に伴って最大で径 10 cm，重さ 130 g[14] の雹が降り，竜巻も発生した．これによって各地で建物や農作物に大きな被害が起き，

北豊島郡滝野川では 2 人が即死したという [25]．なお大正になってからのことだが，1917 年 6 月 29 日には埼玉県の熊谷付近でかぼちゃ大の雹（ひょう）が降ったという記録がある[15]．

　このように見ていくと，明治時代にも次々に気象異変が起き，最近では例のないような風水害も相次いだことがわかる．もちろん，災害の大きさには当時の防災体制が弱かったという要素が大きい．大火の多さはこの時代の東京がいかに火事に弱かったかを示しており，それは関東大震災（1923 年）の火災で 10 万人規模の死者を出す素地であったと言えるだろう．今は天気予報や情報通信技術が進歩し，治水対策が充実したことにより，気象災害による全国の死者数は一部の年を除いて 100 人以下に抑えられている．これは，1950 年代には風水害による死者が 1 年当たり 1000 人を超えていたことを考えれば大きな進歩と言えるだろう．学校の校舎もコンクリート造になり，竜巻が来ても倒れることはないはずである．しかし，現代でもひとたび防災体制が破られれば想像を超える災害が起きることを，2011 年 3 月の東北地方太平洋沖地震（東日本大震災）で思い知らされたところである．その意味で，過去に大きな気象災害が相次いだことを記憶にとどめておくことは無駄ではないだろう．

◆◇◆ 1.3　日本の気象観測の歴史 ◆◇◆

　本章の最後に，日本の気象観測の歴史を簡単に記しておこう．

　現存の気象官署（気象台，測候所など気象庁の機関）のうちで最も歴史が古いのは，1872 年夏に観測を始めた函館海洋気象台，当時の名前で函館気候測量所である[16]．これに 1875 年の東京気象台の設立が続き，以後全国各地に観測所が作られていった．19 世紀の末までには国内に 80 地点を超える観測所が設けられ，その多くが気象台や測候所として引き継がれてきた．このほか，部外の官公署・学校，会社，個人に委託した「区内観測」が 1970 年代まで運用されていた．区内観測は原則 1 日 1 回（1952 年までは 10 時，1953 年からは 09 時）であり，最高・最低気温と日降水量を主とするものだが，観測所の数は今のアメダスよりも多いぐらいであった．

　1970 年代になるとアメダス（地域気象観測システム）が整備され，気温・

風・日照時間については全国約850地点，降水量は約1300地点で自動観測されるようになった．一部の地点では超音波などを使って積雪の深さも測っている．データの収録は当初は1時間ごとだったが，1994年からは10分ごとになり，2008年からは10秒ごとの最高・最低気温や最大瞬間風速が測れる新型アメダスが順次導入された．気象台や測候所などでも，自動観測によって時間間隔の細かいデータが得られるようになった．その一方，90余地点あった測候所は1997年から2010年にかけて一部を除いて無人化され，「特別地域気象観測所」になった．2011年現在，有人の気象官署は管区・地方・海洋気象台などが合わせて57，高層気象台1（つくば市館野），測候所2（帯広と名瀬），気象観測所2（父島と南鳥島）となっている．ほかに，主な空港に航空地方気象台や航空測候所がある．

　ゾンデ（観測気球）を使った上空の気象観測は，一部の地点では戦前から行われていたが，1950年代には全国約20地点で1日2回の観測が行われるようになった．その後間もなくアメリカの気象衛星による観測が始まり，1977年には日本の静止気象衛星「ひまわり」が打ち上げられ（運用開始は1978年4月），2011年にはひまわり6号と7号が運用されている．加えて近年は，電波などを使った観測技術（リモートセンシング）が発達してきた．ドップラーレーダーは雨の強さだけでなく，ドップラー効果を使って雨粒の動きを捉え，風の分布を立体的につかむことができる．2011年までに，全国20カ所にある一般レーダー[17]のうち16カ所にドップラー機能がついた．ウィンドプロファイラは，やはりドップラー効果を使って空気の動きを捉え，数千m上空までの風の高度分布を測るもので，2001年に25基が展開され，2011年には31基が稼働している．雷に対しては，全国30カ所に検知局を置いて落雷の位置を求める雷監視システム「ライデン」が展開されている．また，GPS衛星の電波を利用して上空の水蒸気量を求める技術が開発され，国土地理院が管轄する全国約1200地点でその観測が行われている[18]．

　これら観測技術の発達によって，今は太平洋上に台風が発生してから日本に近づいてくるまで，刻々とその状況を把握することができるし，雨雲の構造や時間変化をこと細かにつかめるようになった．台風の来襲が「上陸してくるまでわからなかった」時代もあったことを考えれば隔世の感がある．ただ，気候

変動を正確に捉えるためには長い期間の均質なデータが必要であり，防災とはまた違う意味で，精度の高い観測記録の蓄積と整備が求められる．これに関連する課題は第5章で取り上げる．

◆◆ 注 ◆◆

1) 1943年までは，今の東京都は東京府，東京23区は東京市だった．ただし，東京市は1889年に発足した当時の面積が今の23区の13％しかなく，新宿や渋谷，品川や池袋はその範囲外だった．新宿などが東京市に編入され，市の範囲が現在の23区の境域になったのは1930年代である．
2) 1964年に観測場所が70mほど北東へ移動した．また，気象庁は近く虎ノ門へ移転する予定であり，気温などの観測は北の丸公園内で行われることとなっている．
3) 明治は1912年7月30日まで，平成は1989年1月8日からだが，本節では便宜上1912年末までを明治，1989年始からを平成として扱う．
4) 1日の最高・最低気温は，公式にはそれぞれ「日最高気温」，「日最低気温」と言う．図1.3に示したのはそれらを1年間平均したものであり，正式には「日最高気温の年平均値」などである．しかし本書では，「日」や「年平均値」をつけることの煩わしさを考えてこれらを省略した．
5) 熱帯夜のもともとの定義は「気温が25℃未満にならない夜」のことである．一方，日本の気象観測で言う最低気温は00〜24時の最低値であり，そのため熱帯夜の統計に当たっては便宜的に「最低気温25℃以上の日数」を使うことが多く，表1.1や図1.4もそうしている．しかし，これは本当の熱帯夜の回数よりも小さくなる．なぜかと言うと，明け方の気温が高く熱帯夜であっても，夕方以降に気温が下がって最低気温が25℃未満になることがあるからである（5.2節参照）．熱帯夜は寒冷前線が近づいて暖気が流れ込んでいるときに現れやすいため，そういう例は結構よくある．
6) 1875年に熱帯夜が1日あり，これを入れると41日になる．
7) 霧日数とは，1日のうち一時的にでも霧が出た日数である．霧とは，最短視程が1km未満になった状態を言う．視程とは物がはっきりと見える範囲を指し，最短視程は各方位の中でいちばん小さい視程のことである．
8) 17地点の気温の長期的な上昇傾向は主として地球規模の温暖化に連動した全国規模の変化だと考えられるが，都市化の影響もないとは言い切れない．これについては5.1節で再び触れる．
9) 戦後には，1963年4月の日暮里大火（36棟焼失）や1965年1月の伊豆大島

大火（584棟焼失）が起きているが，これ以降，東京都内で数十棟以上が被災した火事の記録は見当たらない．

10) 筑波山の最高点は海抜877 m，観測所は海抜868 mである．筑波山測候所はアメダスへ引き継がれた後，2001年に廃止されたが，2006年に筑波大学によって観測が再開された．

11) 当時の風速計の特性上，この値でもまだ実際より大きい可能性がある．その一方，台風の渦による風が40 m/s，移動速度が100 km/h ≒ 30 m/sとすれば，合わせて70 m/sぐらいの風が吹いても不思議ではないとも思える．

12) 「大雨」と「豪雨」との間に，筆者が知る限りはっきりした違いはない．「集中豪雨」を「集中大雨」とは言わないが，これは習慣であろう．本書では，どちらを使ってもよさそうなときは「大雨」を使った．

13) 日本の竜巻の2割ぐらいは台風に伴うもので，その多くは台風の進行方向の右前方にできる．最近の例としては2006年9月，台風13号に伴って延岡市で起きたものや，2009年10月の台風18号に伴って土浦市や竜ヶ崎市で起きたものがある．

14) 原記録は尺貫法による．「気象要覧」第102号には「径三寸五分，重量三十五匁」とある．

15) 熊谷測候所では13分間にわたって「梅実大乃至鶏卵大」の雹が観測された．近隣の村では田面に最大で「径一尺七寸」（曲尺なら52 cm，鯨尺なら65 cm）の穴が見られ，周辺の聞き取りによると雹は「普通なるものは夏蜜柑大にして稀には南瓜(かぼちゃ)大のものありて九百匁あり」（900匁＝3.4 kg），「其形は概(あたか)ね円形扁平体にして周囲の内面へ巻込み恰も牡丹花の状をなせりと云ふ」．別の村に降った雹は「径七寸八分」（24 cmあるいは30 cm）だったという（以上，「気象要覧」第211号，「埼玉県気象月報」）．大きさや重さの精度はともあれ，特大の雹が一帯に降ったことは間違いないようである．

16) 観測開始日は8月26日（旧暦7月23日）とされるが，これには疑問があるとする資料もある［17］．このほか，江戸時代末期から明治初期にかけ，日本のいくつかの場所で外国人や蘭学者による気象観測が行われていた［36］．それらのデータは財城真寿美氏（成蹊大学）らによって収集され，ホームページで公開されている（http://www.cru.uea.ac.uk/data/）．

17) 空港には，その周辺や航空路周辺の観測のため空港気象レーダーが置かれているところがある．それと区別するため，降水観測用に全国展開されているレーダーを「一般レーダー」と呼んでいる．

18) GPS衛星からの電波が空気中を通ってくるとき，途中に水蒸気があると，わずかながら進行が遅れる．この遅れを捉えることによって，上空の水蒸気量を推定することができる．

地球温暖化の実態とメカニズム

　地球温暖化と都市の高温化[1]．これは両方とも，人為的な気候変化である．どちらも人間が作り出した気候変化だから，そのおおもとの要因は両方にまたがるものが少なくない．例えば，都市で燃料を大量に使えば，それによって発生する熱は市街地の気温を上げてヒートアイランドを作る一因になり，同時に，排出される二酸化炭素は地球温暖化を促す原因になる．また，緑地の減少は空気の加熱を強めヒートアイランドを作るもう1つの要因になる（3.4節参照）とともに，二酸化炭素の吸収量の減少をもたらして地球温暖化の加速につながる可能性がある．

　しかし，地球温暖化が地球の大気全体にわたる変化であるのに対して，ヒートアイランドは都市の下層に限られ（3.5節参照），気温が上がるメカニズムもそれぞれ異なる．ともに燃料の使用などの人間活動がもたらす変化ではあるが，地球温暖化と都市の高温化は現象としては別なのである．都市高温化は次章で扱うことにし，本章ではまず地球温暖化を取り上げる．

◆◇◆ 2.1　全球平均気温の長期変化 ◆◇◆

　図2.1は，1901〜2010年の地球上の平均気温（全球平均気温）の変化を示したものである．ここでは1901〜1920年の平均値を基準にして，それからの差を表示している[2]．気温は年々変動しながら1940年ごろまで上がり，その後1970年代にかけては横這いか少し下がった後，1980年ごろから再び大きく上昇している．こうした変動をならして，100年間全体の変化を1本の直線で代

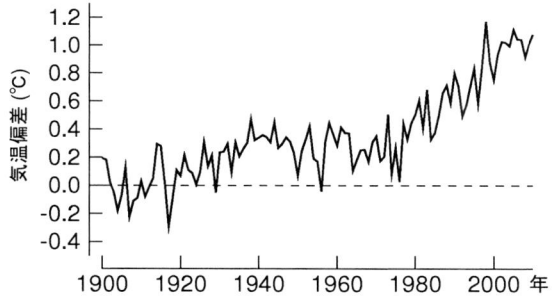

図 2.1 全球平均気温の経年変化（1901〜2010年）
データはイギリス・イーストアングリア大学の気候研究ユニット（CRU）によるCRUTEM3v（http://www.cru.uea.ac.uk/data/temperature/）.

表させると，100年当たり 0.7〜0.8℃ の上昇になる．2007年に出た IPCC（Intergovernmental Panel on Climate Change；気候変動に関する政府間パネル）の第4次評価報告書は 1906〜2005年の昇温率を 100年当たり 0.74℃（信頼区間は 0.56〜0.92℃）としている［92］．

1900年以前の気候はどうだったのだろう？ 温度計を使った気象観測は，ヨーロッパでは 17世紀から行われたところもあるが，世界全体の気候変化を捉えるに足る観測値が手に入るのは 19世紀中ごろからである．図 2.2 は，古い時代の気候を反映するいくつかの指標（代替データ）を使って，1300年前からの北半球の気温変動を推定したものである［92］．使われている指標は，木の年

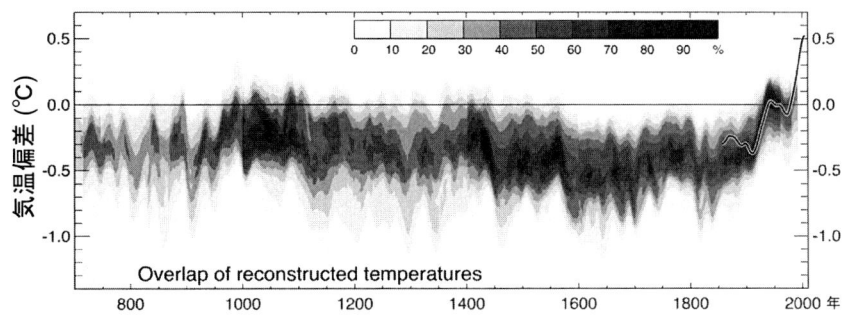

図 2.2 過去 1300年間の北半球の気温変化（1961〜1990年の平均値からの差）
陰影は信頼幅を表し，1850年ごろ以降の黒線は温度計による実測値を示す．IPCC 第4次評価報告書［92］の Fig. 6.10(c) による．

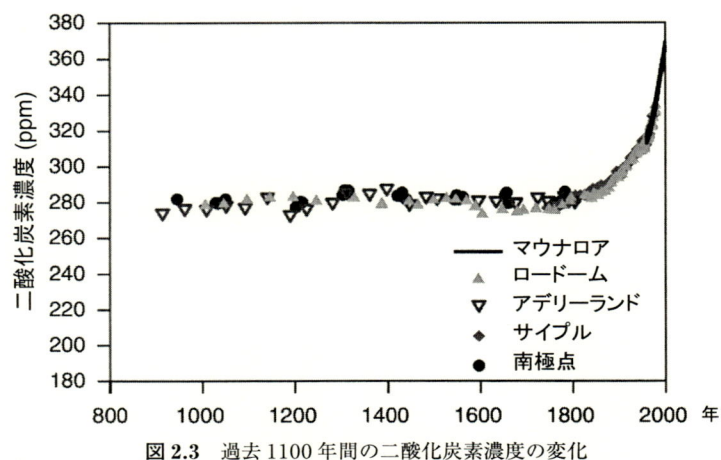

図 2.3　過去 1100 年間の二酸化炭素濃度の変化
マウナロア（ハワイ）は 1957 年以降の実測値，それ以外の 4 地点（いずれも南極）は氷床コアから求めた値．IPCC 第 3 次評価報告書第 1 作業部会 [91] の Figure 3.2b による．

輪，珊瑚年輪や極地の氷床に含まれる酸素同位体などである[3]．この図によると，19 世紀までの 1200 年間は，変動はあるが目立った昇温はなく，20 世紀になって急激に温暖化し始めたことがうかがえる．この結果に従えば，20 世紀以降の昇温は過去千数百年間に経験したことのない急激な変化である．

　地球温暖化の主因とされる大気中の二酸化炭素は，18 世紀の産業革命ごろから増え始め，20 世紀になって増加が速くなった．図 2.3 は過去 1100 年間の二酸化炭素濃度の変化を示したグラフである [92]．グラフは 2000 年で終わっているが，その後も二酸化炭素の濃度は上がり続け，2010 年の地球全体の平均値は 389 ppm になった[4]．これは，産業革命前の平均値とされる 280 ppm に比べて 39％の増加である[5]．将来二酸化炭素がどれぐらい増えるかは，これからの対策のとられ方次第だが，いくつかのモデルケース（排出シナリオ[6]）を想定した 21 世紀末の濃度は 540〜970 ppm と予測されている [92]．

◆◇◆ 2.2　温室効果と地球温暖化 ◆◇◆

　二酸化炭素が増えると，なぜ気温が上がるのだろうか．それを理解するため，

2.2 温室効果と地球温暖化

　まず温室効果の話から入ろう．温室効果とは，空気があることによって地球表面の温度が高くなる効果である．

　地球の暖かさの源は，太陽熱すなわち日射のエネルギーである．日射の一部は地表面（地面や海面）や雲によって反射されて宇宙空間へ戻っていくが，約7割は地球を暖める熱エネルギーになる．一方，地表面は赤外線を放出する．もし空気がなければ，地表面が放出した赤外線はそのまま宇宙空間へ去っていく（図2.4(a)）．日射と赤外線を合わせて放射と言う．

　地表面が放出する赤外線のエネルギーは，地表面の温度が高いほど強い（絶対温度の4乗に比例する）．そのため，地表面の温度が低すぎると，日射で受け取るエネルギーが赤外線の放出で失うエネルギーを上回り，地表面温度は上がる．地表面の温度が高すぎると，赤外線の放出で失うエネルギーが日射で受け取るエネルギーを上回り，地表面温度は下がる．そこで，地表面温度は日射で受け取るエネルギーと赤外線の放出で失うエネルギーとが釣り合う（放射平衡）値になる．

　しかし空気があれば，地表面が放出する赤外線の多くはいったん空気に吸収され，空気から宇宙空間へ放出される[7]．図2.4(b) は，空気があるときの日射と赤外線の出入り（放射収支）を簡略に描いたもので，話をわかりやすくするため，赤外線を完全に吸収・放出する1枚のフィルムで空気を表現してある．空気を含めた地球全体として，日射でもらうエネルギー（反射で失う分を差し引いた残り）と赤外線の放出で失うエネルギーは平衡する必要があるため，空気から上向きに放出される赤外線の強さは，空気がないときに地表面が出す赤外

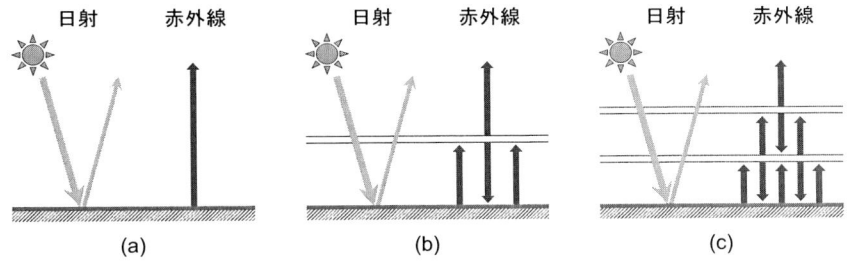

図 2.4 温室効果の概念図
(a) は空気がない場合，(b) は赤外線を完全に吸収・放出する1枚のフィルムで空気を表現したもの．(c) は同じく2枚のフィルムで表現したもの．

線とほぼ同じになる．一方，空気は赤外線を下向きにも放出し，それは地表面にエネルギーを与える．そのため，地表面で放射平衡が成り立つためには，地表面からもっとたくさんの赤外線が放出される必要があり，その分，地表面温度は高くなる．これが温室効果である．図 2.4(c) はフィルムが 2 枚に増えた場合であり，地表面の温度はさらに高くなる．このように，空気があることによって，空気がないときよりも地表の温度は高くなる[8]．

ただし正確には，地表面の放射平衡は成り立たない．放射平衡の状態では，下層と上空の気温差が大きすぎて大気が不安定になるからである．この不安定を解消するように，対流が起きて上下の空気が混合され，地上付近の気温は放射平衡状態よりも低くなる．その場合，地表面から空気に伝わるエネルギーの一部は熱伝導によってまかなわれ[9]，また一部は，地表面から水分が蒸発する際に気化熱が吸収される形で使われる[10]．これらの点で，図 2.4 はあくまでも温室効果のいちばん基本になる原理だけを示したものと受け取ってほしい．さらにつけ加えると，①空気は赤外線を完全には吸収せず，一部は透過させてしまう，②空気があると，日射の一部は雲などで反射されたり，わずかだが空気に吸収されたりするため，空気がないときに比べると地表面に届く日射は減る．しかし，これらも温室効果の本質に影響するものではない．詳しいことは専門の解説書を見てほしい [8, 35]．

コラム 2 ◆ 温室が暖かい理由は温室効果ではない

温室やビニールハウスの中が暖かいのはなぜだろう？ 古くは，次のように考えられた時代があった．温室のガラスは赤外線を吸収・放出し，地面を暖める．この作用によって，温室の中は屋外に比べて暖かい．こうして，「温室効果」(greenhouse effect) という言葉ができた．「温室のガラス」を「大気」に置き換えれば，地球が暖かいことの説明になる．

しかし実は，「ガラスの温室効果」説は正しくない．ガラスは多少は赤外線を吸収し放出するが，それによる温室内の昇温への寄与は小さく，温室が暖かい主要な理由は別にある．それは，暖まった空気が外へ逃げないことである．3.3 節で述べるように，昼間は大気が混合され，空気が

受け取った熱は上空数百〜千数百 m の高さまで拡散する．これに対し，温室は暖気を閉じ込めて逃がさないため，外気よりも温度が高い．ビニールハウスも同じである．

　したがって，大気による赤外線の吸収・放出がもたらす地表の昇温を「温室効果」と言うのは適切でない．これに代えて「大気効果」(atmospheric effect) という言葉が提案されたこともあったが，結局は「温室効果」が定着してしまった．「赤外線だろうと，熱気の閉じ込めだろうと，結果として暖かいのは同じではないか」という意見もあろうが，地球温暖化の科学を正しく理解するためには，温室効果と本物の温室の違いをきちんとわきまえておくべきだろう．

　二酸化炭素は強い温室効果を持つので，空気中の二酸化炭素が増えると，地表面からの赤外線がより多く空気に吸収され，地表面の放射平衡温度は上がる．すなわち，地球温暖化が進む．その原理は，図 2.4 でフィルムが 1 枚増えたとき（(b) から (c) へ）の変化に似ている．二酸化炭素のほか，メタンや一酸化二窒素などの増加も温室効果を強め，温暖化を引き起こすので，これらを総称して温室効果ガスと言う．

◇◇◆ 2.3　気候変動への取り組み　◆◇◇

　大気中の二酸化炭素が増えれば温室効果が強まって気温が上がるという考えは，19 世紀からあった．宮沢賢治の「グスコーブドリの伝記」は，火山を人工的に噴火させて二酸化炭素などのガスを放出させ，その温室効果で冷害を防ごう‥‥というもので，言ってみればわざと温暖化を起こそうとする話である（コラム 3 参照）．

　図 2.1 で見たように，20 世紀の初頭から 1940 年ごろにかけて，全球平均気温は上がる傾向にあった．このころすでに気候の温暖化が話題になり，1 つの考え方としてではあるが，二酸化炭素の増加による温暖化説も論じられた [3]．ジャーナリズムには，南極やグリーンランドの氷が溶けて世界の大都市が水没するのではないか‥‥という議論も登場したらしい．その後，1960 年代になっ

て気温の一時的な低下が見られるようになると，寒冷化を心配する意見や，氷河期が来るかも知れないという主張も現れた．当時は第二次世界大戦後の経済成長の副作用として都市の過密化や大気・水質の汚染が進み，環境保護の気運とともに，気候変動に対する関心が世界的に高まっていた．「異常気象」という言葉がよく使われるようになったのもこの時代である．気象庁で長期予報に携わった朝倉 正氏は，このころの状況を次のように振り返っている[1]．

> 「社会では（略）うちつづく異常気象にただならぬものを感ずるようになった．このような異常気象はさらに頻発し，そのために食料危機がくるのでないかと心配された．この不安は地球が氷期に入るという説によって助長された．マスコミは興味半分でこの不安をかきたて，何も知らない人たちが，明日にでも氷河がおしよせてくるのかと問い合わせてくるほどになった．」

ただ，この時代の研究者がそろって寒冷化の進行を主張していたわけではない．むしろ，二酸化炭素の増加に伴う昇温効果が数値気候モデルを使った研究などによってしだいに明らかとなり，近い将来の温暖化を予想する見方が強まっていった[104]．今では，スーパーコンピューターを使った気候変動のシミュレーションによって，1940～1970年代の気温低下は太陽活動や火山活動など自然の変動要因で説明できるものと考えられている[92][11)]．

1980年代になると，二酸化炭素などの増加による地球温暖化が現実の脅威として広く認識されるようになった．1988年には地球温暖化に関する国際的な検討の場としてIPCCができ，1990年にはその第1次評価報告書が発表された．この中では，過去100年間の全球平均気温の上昇率が0.45 ± 0.15℃であること，二酸化炭素の排出が続けば21世紀末までに100年当たり3℃（信頼区間は2～5℃）の昇温が起きるであろうことが述べられた．ただ，地球温暖化の確度については，「人為起源の温室効果ガスは気候変化を生じさせるおそれがある」という慎重な書き方になっていた[34]．

2007年のIPCC第4次評価報告書では，過去100年間の全球の昇温率は0.74 ± 0.18℃とされ，第1次報告書に比べて大きくなった[92]．これは，同じ「過去100年間」と言っても，第1次報告書は19世紀末から1980年代までを対象

にしていたのに対し，第 4 次報告書の評価は 1906〜2005 年を対象にし，1980年代以降の急激な昇温が反映されたからである．将来の予測は排出シナリオごとに行われ，21 世紀末までの昇温量は温室効果ガスの排出量が少なく抑えられた場合（B1 シナリオ）でも 1.8℃（信頼区間は 1.1〜2.9℃），排出量の多い場合（A1FI シナリオ）では 4.0℃（同 2.4〜6.4℃）となっている．温室効果ガスの増加による温暖化の可能性についても，研究の進展を反映して「地球システムの温暖化には疑う余地がない」，「20 世紀半ば以降に観測された世界平均気温の上昇のほとんどは，人為起源の温室効果ガスの観測された増加によってもたらされた可能性が非常に高い（90%以上の確からしさ）」とされ，それまでよりも確信度を強めた言い方になった．昇温量の信頼区間の大きさは第 1 次評価報告書のものとあまり変わっていないが，これはより多くの不確定要素が考慮されたためである．将来の気候予測についての詳細は解説書を見てほしい [8,

表 2.1 IPCC による「20 世紀後半に変化傾向が実際に観測された極端な気象や気候の現象の最近の傾向，傾向に対する人為影響の評価，及び予測」[92]

現象および傾向	傾向が 20 世紀後半（主に 1960 年以降）に起こった可能性	観測された傾向に対する人間の寄与の可能性	SRES シナリオ*)を用いた 21 世紀の予測に基づく傾向の継続の可能性
ほとんどの陸域で寒い日や夜の減少と昇温	可能性が非常に高い	可能性が高い	ほぼ確実
ほとんどの陸域で暑い日や夜の頻度の増加と昇温	可能性が非常に高い	可能性が高い（夜）	ほぼ確実
ほとんどの陸域で継続的な高温/熱波の頻度の増加	可能性が高い	どちらかといえば	可能性が非常に高い
ほとんどの地域で大雨の頻度（もしくは総降水量に占める大雨による降水量の割合）の増加	可能性が高い	どちらかといえば	可能性が非常に高い
干ばつの影響を受ける地域の増加	多くの地域で 1970 年代以降可能性が高い	どちらかといえば	可能性が高い
強い熱帯低気圧の活動度の増加	いくつかの地域で 1970 年代以降可能性が高い	どちらかといえば	可能性が高い
極端な高潮位の発生の増加（津波を含まない）	可能性が高い	どちらかといえば	可能性が高い

*) 章末の注 6) 参照．

35].

　表2.1は，第4次評価報告書に載っている極端な現象の変化に関するまとめである［92］．極端な高温の増加と低温の減少に加え，降水や干ばつ，熱帯低気圧にも変化が起きる可能性が指摘されている．

◇◇◆ 2.4　気候変動の多様性　◆◇◇

　地球温暖化は大気全体にわたる変化であり，地上だけでなく上空1万mぐらいの高さまで気温が上がる．特に熱帯では，地上よりも上空のほうが昇温率が大きい．これは，気温の上昇によって水蒸気が増え，雲が発達しやすくなり，上空で凝結熱が放出されることが効いている．一方，1万数千m以上の高さでは逆に低温化が起きる．
　気温の上がり方には地域的な違いもある．昇温の速さは南半球よりも北半球で大きく，北半球でも緯度の高い地域で大きいほか，同じ緯度帯でも地域差がある（図2.5）．その1つの理由は，温暖化に伴って大気大循環（広範囲の気圧分布や風の流れ）や海洋の循環が変わり，その影響が地域ごとに異なる形で現

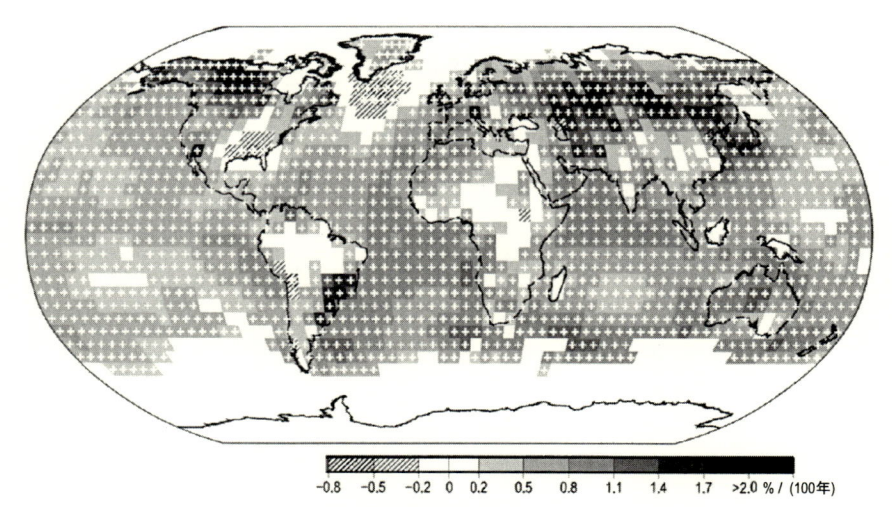

図 2.5　世界の気温の経年変化率（1901〜2005年）
IPCC 第4次評価報告書［92］の Fig. 3.9（左）による．白抜きの＋は変化が危険率5%で有意（5.3節参照）であることを表す（口絵3参照）．

れることである．また，気候の変化によって地表の状態や生態系が変わり，それがまた気候変化をもたらす．例えば，温暖化が進むと積雪の面積が減る．積雪は日射をよく反射するので，それが減ると地表面における日射の吸収量が増え，温暖化を促進する要因になる[12]．このように，地球温暖化は大気と地表面にまたがる複雑な変化を伴う．

　地球温暖化で異常気象が増えるのではないかと言われる理由の一端は，これらの変化の結果として，その土地ではあまり経験したことのない気候状態が現れるようになることにある．例えば，今まで雨の多かったところで雨が降らなくなったり，砂漠で大雨が降ったりという類である．地球温暖化によって，各地域でどのような変化が見込まれるかについて，数値気候モデルによる予測がスーパーコンピューターを使って行われている．それをもっと高度化し，予測の信頼性を高めるための努力が続けられている．

　一方，気候には地球温暖化だけでなく，長短いろいろなスケールの変動がある．図1.3，1.6や図2.1で，気温が1～数十年単位で上下しているのは，こうした気候変動の反映に他ならない．このような変動は，大気や海洋に内在するさまざまな要因，あるいは太陽活動の変化や火山活動などによって起きる．最近ときどき耳にする「エルニーニョ・南方振動（El Niño Southern Oscillation, ENSO）」や「北極振動（Arctic Oscillation, AO）」は，大気-海洋システムの変動の代表格である．ENSOは，太平洋東部の赤道付近の海面水温が上がる「エルニーニョ」と，下がる「ラニーニャ」を主役とする変動であり，それに伴って地球上のあちこちに変化が起きる．

　こうした変動の中で，地球温暖化による気温変化を検出するためには，十分に長い期間のデータを使って変化のシグナルを捉える必要がある．数カ月気温の低い傾向が続くと，「最近どうも寒い，地球温暖化はウソじゃないか」などという話を聞くことがあるが，これは短期的な気候変動と慢性の変化である地球温暖化とを取り違えた議論である．また，短期的な変動は大気大循環や海洋の状況に応じて地域ごとに違った形で現れるものであり，日本付近の気温が低いときは，世界のどこか別の場所で気温が高めになっているのが一般的である．地球温暖化は今後さらに進むはずだが，それでも一時的には（例えば数年間）気温が下がる時期があるかもしれない．そういうことがあっても，少しも不思

議ではないのだ．そのようなときには「それ見よ，地球温暖化論は間違いだ」という主張が出てくるかもしれないが，気候変動の議論には長期的な視点が欠かせないことを忘れないでほしい[13]．

コラム3 ◆ グスコーブドリの伝記

　戦前は北日本の冷害が大きな社会問題だった．「グスコーブドリの伝記」が書かれたとされる1931～1932年も冷害の年だった．宮沢賢治は1933年に亡くなったが，その翌年，1934年から1935年にかけて再び深刻な冷害が起き，「娘の身売り」などの悲劇を生むこととなった．何とかして冷害を防ぎたいという切実な思いが，物語の背景になっている．

　冷害による飢饉で家族を亡くしたブドリは，火山の起爆装置を押す最後の1人は生還できないと聞き，進んでその役割を引き受ける．その結果，「気候はぐんぐん暖かくなってきて，その秋はほぼ普通の作柄になりました．そしてちょうど，このお話のはじまりのようになるはずの，たくさんのブドリのおとうさんやおかあさんは，たくさんのブドリやネリといっしょに，その冬を暖かいたべものと，明るい薪で楽しく暮らすことができたのでした．」

　しかし今の知見から見ると，こんなことが実現しなくてよかった，やったら大変なことになった，と思える．

　火山が噴火すると，火山ガスと一緒に噴煙や微粒子が放出される．それらは上空の大気中に広がって日射をさえぎるため，気温を下げる効果を持つ．大規模な火山噴火の直後から翌年にかけ，北半球中緯度の夏の気温は平均$0.2℃$ぐらい下がり，また，東北地方の夏の気温はもっと大幅に下がる傾向がある．後者は，低温化に伴う大気大循環の変化により，冷夏をもたらす気圧配置が起きやすくなるためではないかと考えられている［32］．1783年の浅間山の噴火は，「天明の大飢饉」の一因になった可能性があると言われており，最近では，1991年のピナツボ火山（フィリピン）の噴火を1993年の冷夏の一因とする見方がある．したがって，もし人工噴火をやったら，ますます冷害がひどくなった可能性がある．

　ただ，数年以上すると噴煙は落下や雲による洗浄によって除かれる．

一方,火山ガスに含まれる二酸化炭素などの成分はもっと長く大気中に残るので,長期的に見れば火山噴火は温暖化をもたらすと考えられる.

◆◇◆ 2.5 平年値と地球温暖化 ◆◇◆

地球温暖化に関連する話題の1つとして,平年値の問題を考えてみたい.今年の冬は寒い,今月は5月にしては雨が多い,この夏の暑さは異常だ等々,暑い寒い,降水が多い少ないということを考えるとき,判断の基準になる標準的な気候値が「平年値」である.

平年値とは過去30年間の平均値である[14].ただ,月平均値や月合計値と違い,日々の値は30年間の観測値を平均しただけではギザギザの形になる(図2.6).これを除いてなめらかな変化にするには,1年間の変化を三角関数の和で近似したり(フーリエ分解),前後の数日間の平均値を使ったり(移動平均[15])する方法がある.気象庁では,9日間の移動平均を3回行って日々の平年値を求めている.平年値は10年ごとに更新され,2011年5月からは1981〜2010年の平均値が使われている.

なぜ30年間の平均値を使うのだろうか.気候は年によって変動するので,その影響を避けるためには十分長い期間の資料がほしい.しかし,歴史の浅い観測所もあるので,あまり長い期間のデータは使いにくい.これらの事情を勘案して,30年という長さが決められたのであろう.いずれにしても,過去30年

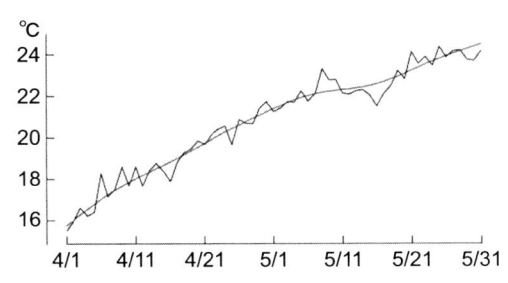

図2.6 東京の気温の30年平均値(1981〜2010年)
黒線は30年間の日々の平均気温を単純に平均したもの,灰色の線はこれに9日移動平均を3回施したもの.

表 2.2 日本と世界（全球平均）の平均気温偏差（℃）

	2001	2002	2003	2004	2005	2006	2007	2008	2009	2010	2011
日本	−0.04	+0.30	−0.07	+0.77	−0.04	+0.21	+0.62	+0.23	+0.33	+0.63	+0.15
全球	+0.12	+0.16	+0.16	+0.12	+0.17	+0.16	+0.13	+0.05	+0.16	+0.19	+0.07

気象庁ホームページ「気候のデータバンク 世界と日本の平均気温・降水量」(http://www.data.kishou.go.jp/climate/db/cpdinfo/database_temp.html) による.

間の平均を平年値とすることの背景には，長い目で見れば年々の変動の影響は小さく，したがって30年間ぐらいの平均をとれば気候の基準値として使えるという暗黙の認識がある．

しかし，地球温暖化が進むにつれて平年値の有効性に疑問が持たれるようになってきた．2001年から2011年まで，全球の年平均気温は平年値より高い年ばかりであったし，日本でもわずかに低い年はあるものの，11年のうち8年は平年値を上回っていた（表2.2)[16]．気候が変わっていく中で，過去30年間のデータから計算される平年値は，「今の標準的な気候状態」としての意味を失いつつある．はたしてこれでいいのか，温暖化の時代にも使える新しい気候の基準を考えようという意見が出ている．

ところで，「平年値」は一種の業界用語であり，一般の人には馴染みが薄い．そもそも「平年」という年があるわけではなく，あるのは「平年値」という数値であるというところにわかりにくさがある．そのため，ニュースや天気解説では平年値を「いつもの年」と言い換えることがある．「今年の梅雨入りはいつもの年より3日早かった」と言うように．でも，これはどうかと思う．「平年値」と「いつもの年」とは意味が違うのだ．

例えば，ある町の秋祭りが毎年10月の第1日曜日に行われる習わしになっているとしよう．この場合，祭の平年日は10月4日である．一方，2012年の祭は10月7日に行われる．これを，「今年のお祭りはいつもの年より3日遅い」と表現するのがはたして適切だろうか？

筆者もこの本を著していて業界用語の使い方に悩むところがあり，天気の解説をする際に何とかしてわかりやすい表現をしようと苦心するのは理解できる．しかし，言葉の本来の意味から外れるような言い換えをしたら，かえって正しい理解を遠ざけてしまうことにならないだろうか．

コラム 4 ◆ 特異日

　11月3日の文化の日は，晴れの特異日と言われる．特異日とは，ある決まった天気（晴れとか雨とか）になりやすい日のことである．11月3日は明治天皇の誕生日で，昭和に入ると「明治節」の祝日になり，「だから晴れるのだ」という話が戦前からあったらしい．戦後は気象の研究者にも特異日への関心が生まれ，11月3日は関東地方などの多照（晴れ）の特異日として研究論文でも取り上げられた [31]．

　その後，特異日は暮らしの話題としてよく耳にするようになった．例えば9月26日は本土に強い台風が来やすい特異日とされる．これには，1950年代に洞爺丸台風（1954年），狩野川台風（1958年），伊勢湾台風（1959年）がいずれもこの日に来襲して大災害を起こしたことが背景になっている（ただし狩野川台風が相模湾岸に上陸したのは，台風経路図によると27日00時過ぎである）．

　しかし，特異日という現象は本当にあるのだろうか？　それともこれは，偶然にすぎないのだろうか．これにはいろいろ議論があろうが，筆者はまったく無意味とは言えないものの，偶然という要素が大きいと思う．

　まったく無意味ではないというのは，季節の移り変わり（季節進行）に結構細かいメリハリがあるからである．日本の季節は大まかに見れば，天気が周期的に変わる春から，雨の多い梅雨を経て，晴れて暑い夏が来るというように，数カ月単位で変わる．しかし変化の途中で，「梅雨入り」「梅雨明け」に象徴されるような，1日から数日という短い期間を境とした急変が現れる場合がある．言い換えると，季節進行は必ずしもなめらかな曲線になるとは限らず，時として急カーブを描く．これは，季節進行の過程で起きる気圧配置の遷移（梅雨入りの場合で言えば，梅雨前線の形成と北上）を反映するものである．特異日とは，こうした遷移が長い期間の統計値に現れたものと解釈することができるだろう．

　しかし，いくら急カーブと言っても10日から半月ぐらいの幅はあるはずで，ある日付だけが特別な天気になるというのは考えにくい．梅雨入りや梅雨明けも，年によって1～2週間のずれは普通にある．文化の日の

話もそれと同じで,「11月はじめごろは晴れる日が多い」というのは事実かもしれないが,3日だけが前後の日よりもよく晴れる必然性があるとは思えない.もし統計的にそういうことがあったとすれば,それは偶然であり,統計年数を重ねていけば特異性はなくなっていくと考えるのが妥当であろう.

ついでながら,特異日が現れる原因を地球の公転軌道上に分布する宇宙塵の影響とする説が出されたこともある.これは1950年代に観測結果に基づいて提唱された,それなりに根拠のある説だったが,1970年代には宇宙塵と天気の関係を否定する見解が主流になったようである [4, 16].

◆◆ 注 ◆◆

1) 「温暖化」と「高温化」とは,本書では同義である.ただ,「温暖化」はしばしば「地球温暖化」の意味に使われるので,これと区別するため,都市の気温の長期的な上昇傾向を「高温化」と表現する.
2) 気温の長期変動を見るときには,図2.1のように「ある期間の気温を基準にして,それからの差を見る」という表示方法がよく使われる.地球上の平均気温は14〜15℃であるが,コンマ以下の精度での評価は難しい.一方,ある時代からの気温差はもっとよい精度で評価できる.なぜなら,地球温暖化をはじめとする気候変化は,広い範囲で大体同じように起きる(空間代表性が高い)からである.
3) 木の年輪の幅は,気温や湿度によって変化する.海中の珊瑚にも年輪のようなものがあり,そこに含まれる酸素同位体の構成比が温度によることから,年輪の中の酸素同位体比を調べることで水温を推定できる.また,氷床は降った雪が解けずに積もっていったものであり,やはり酸素同位体比を調べることで温度の推定ができる.
4) ppm は parts per million,すなわち「100万分の1」の意味である.二酸化炭素の濃度が 280 ppm であることは,空気の分子100万個(水蒸気は勘定に入れない)のうち,280個が二酸化炭素の分子であることを表す.
5) http://www.data.jma.go.jp/gmd/env/info/wdcgg/GHG_Bulletin_7_j.pdf
6) IPCC は21世紀の温室効果ガスの排出量について,いろいろな場合(30通り以上)を想定した変化見通しを2000年に取りまとめた.これらは SRES

(Special Report on Emissions Scenarios) シナリオと呼ばれる．本書では「排出シナリオ」と言う．
7) 赤外線の吸収・放出には，空気中に含まれる水蒸気のほか，二酸化炭素，オゾン，メタンなどが主に関わる．
8) 図2.4は増田耕一氏（科学技術振興機構）のホームページ (http://macroscope.world.coocan.jp/ja/edu/clim_sys/greenhouse/index.html) からアイデアを頂いた．
9) 3.3節の Q_H に相当する．
10) 3.3節の Q_E に相当する．
11) これに対してその後の昇温は自然要因では説明できず，人間活動による温暖化によるものであるとされている．
12) その一方，温暖化が進むと地球から宇宙空間へ放出される赤外線が増え，これは温暖化を妨げる効果を持つ．また，温暖化によって雲の量や特性が変化し，それが気温に影響することなども考えられる．結果として気候がどのように変化するかは，温暖化を促進する諸要因と抑制する諸要因とのバランスで決まる．
13) 図2.1によると全球平均気温が最も高かったのは1998年であり，その後2010年までの間にこれを上回った年はない．しかし，これは地球温暖化が止まったことを意味するものではない．年々の変動をならした数十年スケールの推移を見れば，気温が上昇傾向にあることは明らかだからである．なお1998年の高温は，前年から続いた顕著なエルニーニョに関連するものと考えられている．
14) 気象庁では，30年間の資料がとれないときでも，8年間以上の資料があればそれで平年値を求めることとしている．
15) 移動平均とは，各日の前後数日間の値を平均することによって細かい変動を除く操作である．例えば9日間の移動平均においては，1〜9日目，2〜10日目，3〜11日目，……の平均値をそれぞれ5日目，6日目，7日目，……の値とする．
16) この平年値は1981〜2010年の平均値である．2011年はじめまで使われていた旧平年値，すなわち1971〜2000年の平均値に対しては，全球・日本とも，上記10年間の年平均気温はすべて高めだった．2つの平年値の差は，全球の年平均気温については0.13℃，日本の年平均気温については0.23℃である．

3

ヒートアイランドの性質

　近年は大都市の高温化が目立ち，「ヒートアイランド」という言葉が日常語として定着してきた．しかし，都市の高温化には地球温暖化など全国規模の気候変動も関わっており，すべてがヒートアイランドのせいだというわけではない．地球温暖化やヒートアイランドに対して的確な対策を進めていくためには，それぞれの実態を正しく理解する必要がある．

　本章では，ヒートアイランドの実例を紹介した後，その基本的な成因を議論する．少しかたい話もあるが，ヒートアイランドができるメカニズムをこの際詳しく述べておきたい．なお，ヒートアイランドの気象学に関する詳しいことは，解説記事［50, 64］やそこに掲げられた文献を見てほしい．

◇◇◆ 3.1　ヒートアイランドの発見　◆◇◇

　都市が暖かい傾向はヨーロッパでは19世紀にすでに知られていた．東京でも，明治時代後期の1900年代ぐらいにはすでに明治初期よりもやや気温が高くなる兆候が見られる（図1.3参照）．明治の末には東京市の人口は200万を超えていたので，都市化の影響が出始めていても不思議ではないのだが，今よりもずっと涼しかった明治時代の東京で，すでに高温化が始まっていたことは注目に値しよう．東京の高温化は，100年以上かかって少しずつ進んできたということだ．

　1930年代になると，日本の気象関係者の間にも都市気候への興味が芽生えてきた．当時の東京は関東大震災の被害から立ち直り，鉄道網が郊外へ延びてタ

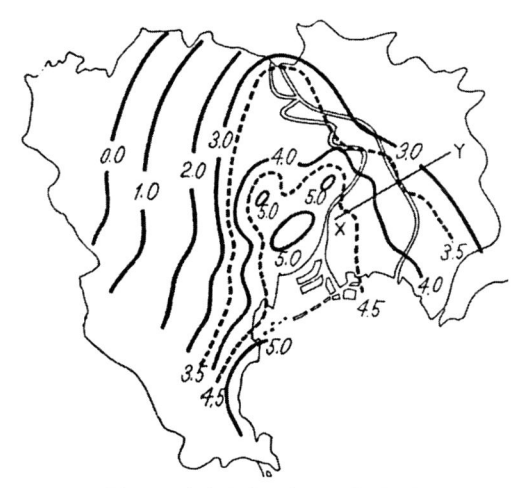

図 3.1　東京市内の気温分布［58］
学生・生徒を動員し，短時間内に市内 103 地点で観測した
もので，観測開始時刻は 1939 年 3 月 6 日 23 時 30 分．等
温線は 1℃ または 0.5℃ ごと．

ーミナル駅周辺にデパートができるという近代都市のスタイルができ上がって
いった．東京市はまわりの町村を合併してほぼ今の 23 区の広さになり，その
人口（合併後の境域に換算したもの）は 1930〜1940 年の 10 年間に 499 万から
678 万へ，40％ 近く増えた．図 3.1 は，早春の夜に市内の気温分布を自動車を
使って調べたものである［58］．都心部と周辺部の間に約 5℃ の温度差ができて
いる．「ヒートアイランド（heat island）」すなわち「熱の島」と呼ばれる状態
である[1]．

　もっとも，図 3.1 のころはまだ「ヒートアイランド」という言葉はなかった．
この言葉が英語の論文で初めて使われたのは 1958 年であるとされる［50,
64］．日本では，1960 年代の終わりごろから都市気候の文献にこの言葉を見か
けるようになった．その後この言葉は急速に広まり，数年のうちには一般の人
も耳にするようになった．

◇◇◆ 3.2 晴れた夜のヒートアイランド ◆◇◇

　ヒートアイランドに伴う都市と郊外の気温差は，昼間よりも夜間のほうが大きい．特に，晴れて風が弱く，郊外で強い冷え込みが起きるときに，気温差が大きくなる．ヒートアイランドは当然ながら大都市ほど著しい傾向があるが，晴れた風の弱い夜は小都市や集落，あるいは住宅団地のようなところにもヒートアイランドができる．図3.2は府中市（東京都）の気温分布を観測した結果である［110］．東西1km，南北500mぐらいの市街地が，周囲よりも1℃弱の高温域になっている．世上では大都市のヒートアイランドに注目が集まっているが，ヒートアイランドの観測は図3.2のように中小都市を対象にしたものも多い．それには，小さい都市のほうが自動車などを使って短時間に面的な観測をできるという事情があろう．

　図3.3は成田空港で観測されたヒートアイランドである［2］．空港の敷地は

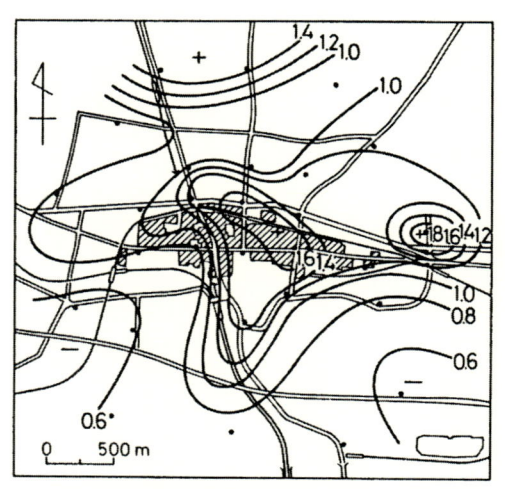

図3.2　東京都府中市の気温分布（1983年11月27日
　　　　04時40分〜05時40分）［110］
等温線は0.2℃ごと．風は北寄り0.5m/s程度．中央部の陰影は市街地．市街地を3グループによる徒歩で，周辺部を2台の自動車で観測したもの．

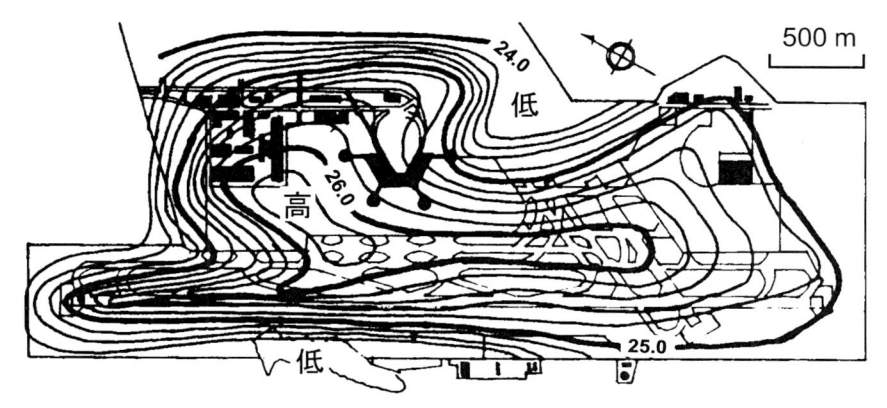

図 3.3 成田空港内の気温分布（1974 年 8 月 29 日 22 時ごろ）[2]
自動車による移動観測．等温線は 0.2℃ごと．風はほぼ無風．今は空港の北側（図の左上側）に第 2 ターミナルと別の滑走路がある．

周囲よりも最大 2℃ぐらい高温になっている．この事例が興味をひくのは，滑走路のまわりが一面に平坦で，都市のような人工熱源も建物もないのに，明瞭なヒートアイランドができていることである．このときの成田空港はまだ造成中で，飛行機は飛んでいなかった（だからこそこのような観測ができた．開港は 4 年後の 1978 年である）．空港の敷地が周囲と違うのは，まわりが田畑であるのに対して地面がコンクリートやアスファルトに覆われている点だけである．ヒートアイランドを作り出す要因はいろいろあるが（3.4 節参照），図 3.3 は地表面の材質の違いだけでヒートアイランドができることを示す貴重な観測例である．

◆◇◆ 3.3 地表面の熱収支 ◆◇◆

前章で述べたように，地球温暖化は二酸化炭素などの増加が引き起こす大気全体の変化であり，温室効果の強まりすなわち放射平衡の変化がそのおおもとの原因である．これに対し，ヒートアイランドの原因は地表にあり，地表面と空気との間の熱のやりとり（熱収支）が変化することによって生ずる．そこでまず，地表面の熱収支についておさらいしておこう．

表 3.1 気温とボーウェン比の関係

気温（℃）	−10	0	10	20	30
ボーウェン比	4.47	2.14	1.06	0.516	0.232

日中の草地の代表的な条件を与えて計算したもの．近藤 [32] の表 5.2 による．

2.2 節で述べたように，地表面は日射エネルギーを受け取る．ただし，その一部は反射されて失われる．一方，地表面は赤外線を放出し，空気が放出する赤外線を受け取る．これらを合算したもの，すなわち

「日射」−「反射」−「赤外線放射」+「空気からの赤外線」

が，地表面が正味の利得として受け取り，あるいは損失する放射エネルギーである．以下これを放射収支量と言い，Q^* と書く．地表面熱収支というのは，Q^* の使われ方のことである．

晴れた日の昼間は，日射のため Q^* は大きなプラスの値になる．その値は，$1\,\mathrm{m}^2$ 当たり数百ワットである．この Q^* は，地面に与えられる熱 Q_G，空気に与えられる熱 Q_H，そして地表面から水分が蒸発するときの気化熱 Q_E に分配される．式で書けば，$Q^* = Q_G + Q_H + Q_E$ である．普通，昼間は Q_G, Q_H, Q_E がすべてプラスであり，地面・空気が暖められるとともに，水分の蒸発が起きる[2]．なお，Q_H は顕熱フラックス，Q_E は潜熱フラックスと呼ばれる．

放射収支量 Q^* のうちどれぐらいが顕熱フラックス Q_H に分配されるかは，潜熱フラックス Q_E，すなわち蒸発の強さによって変わる．Q_H/Q_E をボーウェン比と言う．表 3.1 はボーウェン比と気温の関係を示したものであり [32]，ボーウェン比は気温が上がるにつれて小さくなる（Q_E の比率が増す）．言い換えると，気温が高いほど蒸発に使われるエネルギーの比率が高まる．雨が降ってグラウンドがぬかるんだとき，冬はなかなか乾かないが，夏は 1 日ぐらいでカラッとなることを経験しないだろうか？　洗濯物も，湿度が低いはずの冬より，むしろ夏のほうが早く乾く．これらは，夏のほうが気温が高く蒸発が盛んだからである．

ただ，グラウンドが 1〜2 日で乾くということは，もうそれ以上は蒸発が起きないことを意味する[3]．しかし，植物があるところでは事情が違う．植物は根から地中の水分を吸い上げ，葉の気孔から放出する．これを蒸散と言い，それ

3.3 地表面の熱収支

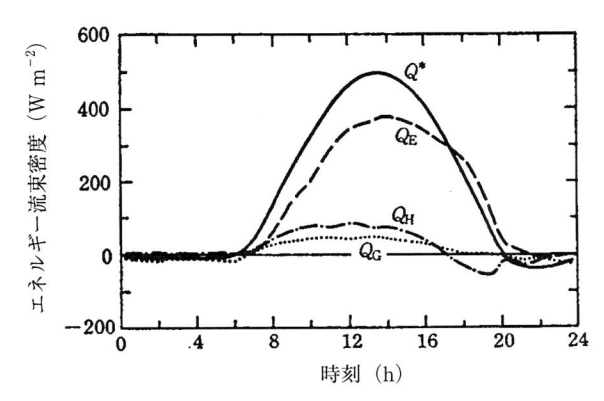

図 3.4 カナダ・ブリティッシュコロンビア州ピットメドーズ (Pitt Meadows, 北緯 49°) の灌漑された果樹園とライ麦草地の混合地で測定した地表面熱収支
1976 年 7 月 25 日. オーク (斎藤・新田訳) [9] の図 1.11 による.
縦軸の単位は $W m^{-2}$, すなわちワット/m^2.

は熱収支の点では蒸発と同じ効果を持つ (そのため蒸発と蒸散を合わせて蒸発散と言う). 夏の昼間, 植物に覆われた場所では蒸発散が盛んであり, Q_E が大きな値になる. 図 3.4 は, カナダの農場 (果樹園とライ麦草地の混合地) で夏の日に熱収支を測定した結果である [9]. 昼間の放射収支量の大半が Q_E に使われ, Q_H には少ししか回っていない. 真夏でよく日が照っているのに, その熱は一部しか空気の加熱に使われていないことがわかる. 「夏は日差しが強いから, 空気は強く熱せられるだろう」と思えるかもしれないが, 実はそうでもなく, 地面が受け取った太陽熱のかなりの部分は蒸発散に使われてしまうのだ.

地表面から空気中へ放出された熱 (Q_H) や水蒸気 (Q_E) は, 上空へ拡散していく. 拡散をもたらすのは乱流である. 乱流と言うと, 飛行機が揺れる乱気流を連想するかも知れないが, ここで言っているのはもっと普通に大気中に存在する運動である. 例えば, 煙突から出た煙は上下左右に揺れ動きながら広がり薄まっていく. これは, 乱流の働きで空気がかき混ぜられ, それによって煙の中の物質が拡散するからである. 煙が拡散する様子を見ていると, もくもくと渦を巻くような動きが見られる. これは乱流に伴う渦状の流れを表している. また, 風が強いときには地面に落ちていた枯れ葉や紙切れが空高く舞い上がる

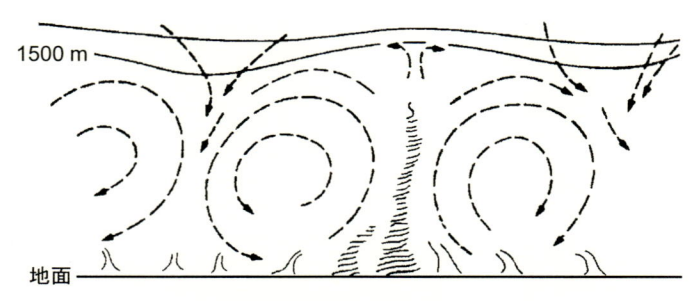

図 3.5 混合層内の対流の模式図
オーク（斎藤・新田訳）[9] の図 2.10 による．

のを見かけることがある．これも乱流に伴う上昇気流の働きに他ならない．これらと同様，熱も乱流の働きによって上空へ拡散していく．

　昼間は，空気が地面から暖められて軽くなる（正確には，密度が小さくなる）ため，大気の安定度が弱くなり，この結果乱流が活発化して拡散が盛んになる．また，暖まった空気が上昇して上空の空気と入れ替わる対流運動が生ずる．これは，乱流よりも大きい組織的な運動である（図 3.5）．対流が及ぶ高さは大気の状態によるが，目安としては数百〜千数百 m である（コラム 5 参照）．対流が起きている層は「混合層」と呼ばれ，そこでは対流や乱流による活発なかき混ぜのため熱や物質の拡散が進む．このようにして，昼間の温度変化は高さ数百〜千数百 m ぐらいにまで及ぶ．

コラム 5 ◆ 混合層と気温の高度分布

　混合層内では空気が盛んにかき混ぜられ，これによって物理量や物質を一様化する作用が働いている．しかし気温は一様にはならない．これは，上空へ行くほど気圧が下がるからである．気圧はその高さよりも上にある空気の荷重であり，地上付近では約 8 m 上るごとに 1 hPa ずつ低くなる．海抜 0 m の気圧は 1000 hPa ぐらい（標準値は 1013.25 hPa = 1 気圧）なのに対し，海抜 1000 m の気圧は 900 hPa 弱である．なお，「気圧は空気の荷重である」というのは近似（静水圧近似）であり，厳密には上下運動の加速度（動圧）などを考える必要がある．積雲の中の運動

とか，急斜面付近の流れなど上下運動の激しい現象には，静水圧近似は使えない．

　混合層内を空気が上昇すると，気圧が下がって膨張し，下降すれば気圧が上がって収縮する．この膨張・収縮のため，空気が持つ熱エネルギーが変化する．上昇する空気は，膨張によってエネルギーを失い，気温は下がる（断熱冷却）．下降するときはこれとは逆の変化になり，気温は上がる（断熱昇温）．断熱冷却や断熱昇温（合わせて断熱変化）による気温の変化率（乾燥断熱減率）は，高さ100 m 当たり0.98℃である．対流運動にも断熱変化が働くため，混合層内の気温は高さ100 m 当たり0.98℃下がる．

　気象学では，断熱変化を込みにした尺度として，温位が使われる．温位は近似的には「気温（℃）＋高さ（m）×0.0098」で表され，混合層内では高さによらず一定になる．もっとも，これは理屈上の話であり，現実の混合層内では温位が高さによって多少変動することもある．また，「温位＝気温＋高さ×0.0098」という近似式は，上空へ行くにつれて精度が悪くなるので気をつけてほしい．

　混合層は，地面からたくさん熱を受け取るほど厚さを増していくが，どのぐらいの高さにまで及ぶかは，そのときの大気の状態による．上空が暖かいと，混合層は低く抑えられ，その代わり昼間の昇温量が大きい．上空が冷たいときは逆で，混合層は高くまで発達し，昇温量は小さい．真夏になると，高さ数千 m 以上に及ぶ太平洋高気圧が本州を覆う．この高気圧の下では下降気流に伴う断熱昇温によって大気下層が暖まっており，それが混合層の発達を抑えて昼間の気温を押し上げる要因になる．一方，冬に強い寒気がやってくると，上空数千 m まで冷たい空気が覆った状態になり，昼間晴れてもなかなか気温が上がらない．なお，以上は陸上の空気が昼間に加熱されてできる混合層の話であるが，暖かい海上に寒気が流れ込むときには，海面からの加熱によって昼夜を問わず混合層ができる．

　夜間は日射がなく，地表面から放出される赤外線が，空気から与えられる赤外線を上回るため，Q^*はマイナスになる（放射冷却）．これによってQ_GもQ_Hも一般にマイナスになり[4]，地表面や空気は冷える．また，大気そのものも赤

外線の放射によって冷える．冷えた空気は重くなって（密度が大きくなって）地表を覆うため，乱流は弱い．したがって，昼間と違って夜は地表近くの薄い層が集中的に冷えていく．地上から高さ100〜300mぐらいまでの範囲では，上空へ行くほど気温の高い状態，すなわち接地逆転になる．つくば市（茨城県）の気象研究所には2011年はじめまで気象観測用の鉄塔があり，冬の朝には高さ200mの気温が地上より8℃ぐらい高いこともあった．

なお，地中の温度も昼間は上がり，夜間は下がるが，この日変化が起きる深さは数十cmであり，それより深いところではほとんど昼夜の温度差がない[9]．地中には乱流がなく，温度を変化させるのはもっぱら熱伝導であるため，熱が伝わる距離は空気中に比べてずっと短いからである．一般に，熱伝導によって温度変化が起きる深さは，土の比熱や熱伝導率が一様なら，変化の周期の平方根に比例する．したがって，地中温度の年変化が起きる深さは日変化の$\sqrt{365}$倍≒20倍，すなわち数mに及ぶ．

◆◇◆ 3.4 ヒートアイランドを作り出す熱収支変化 ◆◇◆

都市にヒートアイランドができるのは，前節で取り上げた熱収支のどこかに変化が起きるからである．では，どこが変わるのだろうか．

いちばんわかりやすいのは，人間活動で発生する熱，すなわち人工排熱であろう．人工排熱は，$Q^* = Q_G + Q_H + Q_E$ の式で決まる Q_H に上乗せされる形で気温の上昇をもたらす．都市ではどれぐらいの量の人工排熱が発生しているのだろうか？ 少し前の資料になるが，2003年度に行われた評価[57]によると，東京23区の人工排熱量は1日当たり1574テラジュールである[5]．テラとは1兆のことで，ちょっと想像できない数字なのだが，1m^{2}当たりにすると2.5メガジュールになる（メガは100万）．1日に入射する日射量は1m^{2}当たり平均12メガジュールなので[6]，日射量の2割強に当たる熱が人間活動によって発生していることになる．ワットに換算する（1秒当たりに直す．1ワット＝毎秒1ジュール）と東京の人工排熱は1m^{2}当たり29ワットになる．表3.2はその内訳である．ただ，排熱量が大きい地域は限られていて，都心部では場所によって1m^{2}当たり200ワットを超えるのに対し，山手線の外側は夏の昼間のピーク

表 3.2　東京 23 区の人工排熱の内訳

種　　別	排熱量	
	単位：テラジュール/日	単位：ワット/m^2
建物		
業務ビル（商業施設，ホテル，学校などを含む）	470	8.8
地域冷暖房	20	0.4
住宅	220	4.1
小計	710	13.2
交通		
自動車	506	9.4
鉄道	38	0.7
船舶	5	0.1
航空機	10	0.2
小計	559	10.4
事業所		
工場	110	2.0
清掃工場	137	2.6
火力発電所	27	0.5
小計	274	5.1
その他		
建設工事	31	0.6
計	1574	29.3

ヒートアイランド調査検討委員会［57］の表 1-14 による．

時でも 1 m^2 当たり 40 ワット未満のところがほとんどである（図 3.6）．

　ヒートアイランドを作り出すもう 1 つの重要な要因は，土地利用状態の変化である．前記のように，植物の働きによる蒸散のため，自然の地表面や農地では Q_E が大きく，特に夏の昼間は Q_E が熱収支の大半を占める（図 3.4）．しかし，都市化が進んで植物が少なくなると，Q_E は減少し，入れ替わりに Q_H と Q_G が増える．日本では，大都市周辺の数十〜100 km にわたる地域で市街化が進んでいて（図 3.7），Q_E の減少による昇温効果（以下，「蒸発抑制効果」）は都心部だけでなく周辺の住宅地域の熱収支にも大きく影響する．

　また，建物による熱収支の変化も重要である．建物が立て込んだ空間は「都市キャノピー」と呼ばれる．キャノピー(canopy) とは「天蓋」の意味であり，気象学では建物や樹木などに囲まれた空間を指す言葉として使われる．都市キ

42　　　　　　　　　　3. ヒートアイランドの性質

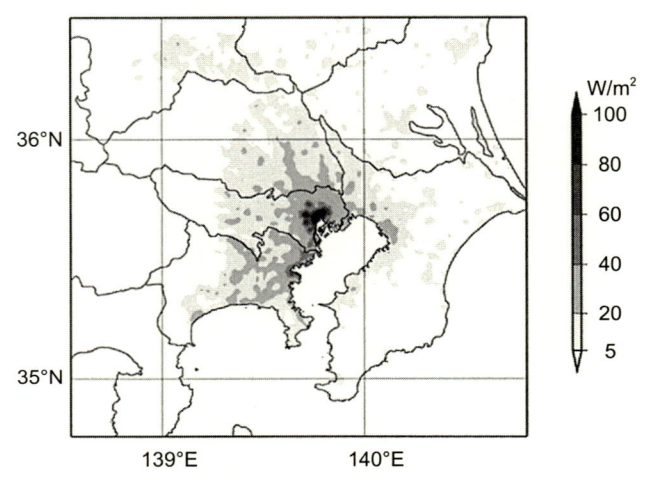

図 3.6　首都圏の人工排熱の分布
14 時．気象庁 [20] の図 3 による．

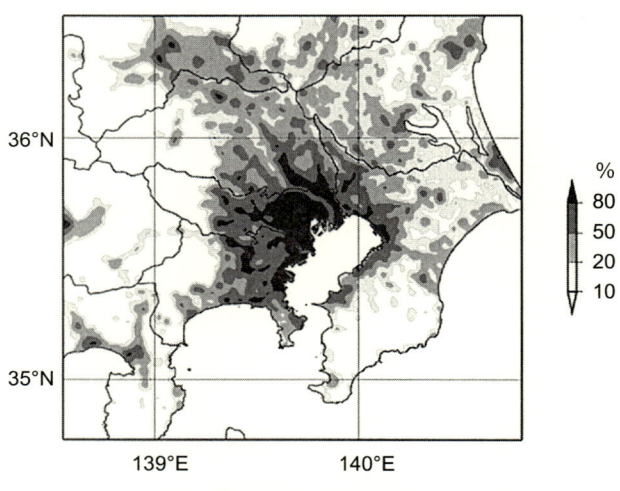

図 3.7　首都圏の都市地表面比率の分布
気象庁 [20] の図 2 による．

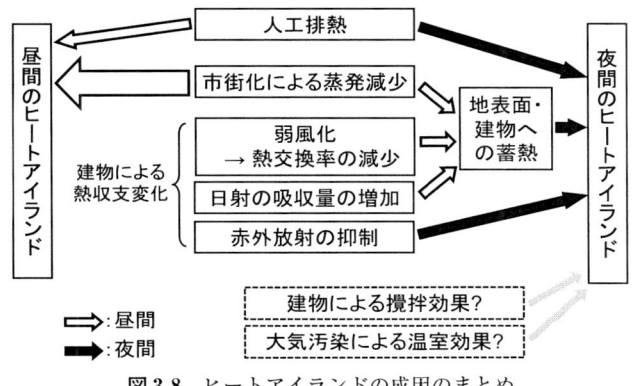

3.4 ヒートアイランドを作り出す熱収支変化

図 3.8 ヒートアイランドの成因のまとめ

ャノピーの熱収支や放射収支は非常に複雑であり，日射が建物の外壁で反射し，さらに地面で反射するというような「多重反射」をする，建物の外壁から赤外線が放出されて放射冷却を妨げる，建物による蓄熱のため夜間の地表気温が下がりにくい（蓄熱効果），風通しが悪くなって上空への熱拡散が弱まる，など多岐にわたる．また，風が街路に沿って吹くときと，街路に直角に吹くときでも熱収支が変わる．

 以上のように，ヒートアイランドは 1 つの原因だけでできるものではなく，いくつかの要因が関わる複合現象である．そして，ヒートアイランドの形成に対するそれぞれの要因の寄与は，時間帯や季節によって変わる．図 3.8 は，これを昼夜に分けて大ざっぱにまとめたものである．蒸発抑制効果は前記のように夏の昼間に最も強く働き，大気への加熱 Q_H を増加させると同時に，地面の加熱 Q_G を増やす．夜になると，この Q_G が大気の冷却を妨げる蓄熱効果をもたらすほか，建物からの赤外線の放出など都市キャノピーの中の熱収支が市街地の気温上昇をもたらす．しかし，都市街区の多様な熱収支変化が全体として都市の気候にどのように関わるのかについては十分解明されているとは言えず，今も研究が進められている．

コラム 6 ◆ ヒートアイランドと温室効果

　過去の一時期には，ヒートアイランドが温室効果によってできると考えられていた時代があった．昔は燃料として石炭が使われ，大気汚染を防ぐ技術も乏しく，大都市の大気汚染は今よりもひどかった．そこで，大気中の汚染物質が温室効果を強め，都市の気温を上げるのではないかと考えられた．しかし 1950 年代以降，そうではないことが指摘された [109]．

　街なかで二酸化炭素の濃度を測ると，結構高い値が出ることがある．そのため，「都市部の二酸化炭素濃度がこんなに高いのなら，温室効果が働くはずではないか」と思えるかもしれない．しかし，温室効果の強さを決めるのは地上の二酸化炭素濃度ではなく，上空まで含めた全体の積算量である．地上の濃度が高くなるのは，上空への拡散が弱く，汚染物質がごく下層に閉じ込められたときである．したがって，その積算量は必ずしも大きくはなく，強い温室効果が働くとは言えない．

　もっとも，ヒートアイランドの形成に温室効果がまったく関係ないと言い切れるかどうかという問題は残っている．都市の大気には，いろいろな物質が含まれている．それらの物質が引き起こす温室効果ははたして微々たるものなのか，多少なりとも都市の高温化に寄与しているのか，きちんとした観測や評価が待たれるところである．

　補足すると，都市の地表面過程の中には，都市の気温を下げる可能性があるものも含まれる．例えば，蓄熱効果は昼間の熱を夜にとっておく（Q_H を節約して Q_G にまわす）ものであり，昼間の気温に対しては抑制する方向に働く．また，建物が立て込むと日陰が増え，これも昼間の気温を下げる効果を持つ．これらによって本当に都心部の気温が低くなるかどうかは，人工排熱や蒸発抑制効果など気温を上げる要因との大小関係によるが，昼間の都心部に低温域が現れることは，時として観測される事実である．

◆◇◆ 3.5 ヒートアイランドの立体構造と昼夜差 ◆◇◆

　以上は熱の発生源の話である．この熱による気温の上昇量は，その時々の大気の状態によって変わる．それは，なぜヒートアイランドが夜間に顕著であるのか，ということと深く関わる．

　昼間は混合層の発達に伴って都市の余剰熱は上空へ拡散し，その分，気温変化量は小さい．これに対して夜は，郊外では冷えた空気が地表を覆って接地逆転ができるが，都市は地上の気温が下がらない．そこで，接地逆転を下から侵食するような形でヒートアイランドができる（図3.9）．都市と郊外の気温差を高さ方向に積算したもの，すなわち図3.9の陰影の部分の面積が，都市上空の大気が持つ余剰熱に相当する．夜間は気温変化が地上付近の薄い層に集中し，大きな気温差になる．夜の気温に建物の蓄熱効果や外壁からの赤外線が大きく影響するのは，昼間に比べて上空へ熱が拡散しにくく，それだけ地表付近の熱収支に影響されやすいからである．人工排熱も，夜間は昼間よりも量が少ないが，その影響はむしろ大きい可能性がある．都市の長期的な気温変化において，最高気温よりも最低気温のほうが上昇率が大きい（1.1節参照）のは，上記のことを反映している[7]．

　ゾンデを使って，都市と郊外の気温差が上空どのぐらいの高さまで現れるかを調べた研究によると，晴れた夜のヒートアイランドの上限は高さ数十〜150m（土浦市）とか70m（長野県小布施町）と報告されている［64］．東京

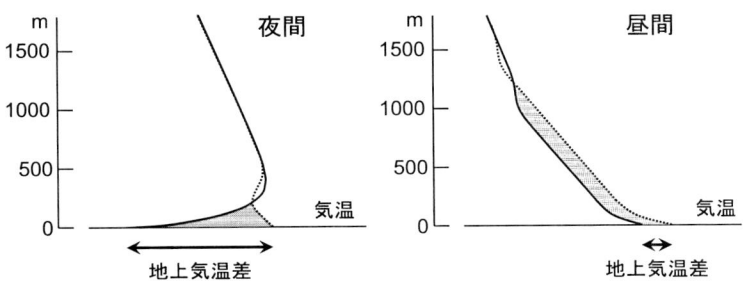

図3.9 ヒートアイランドの立体構造の模式図
点線は都市，実線は郊外の気温を表し，陰影部分が都市の気温偏差に該当する．

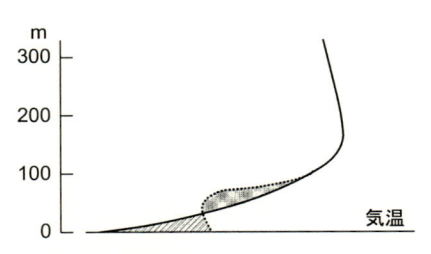

図 3.10 地物の攪拌によってできるヒートアイランドの立体構造の模式図
点線は都市，実線は郊外の気温を表す．地上に熱源がある場合（図3.9）と違い，地上で昇温した分，上空の気温は下がる．

やニューヨークのような大都市でも夜のヒートアイランドの高さは200〜300 m にとどまり，その上部は郊外の同じ高度よりもむしろ低温になることがある（図3.9の点線が左側に出ているところ．気温のクロスオーバーと呼ばれる）．郊外の冷え込みが強く接地逆転が強いほど，気温変化はより下層に集中し，都市と郊外の気温差が大きくなる．夜間でも，接地逆転が発達していないとき（例えば曇っているとき）は，気温偏差は比較的高いところまで現れ，その代わり地上の気温差は小さい．一方，昼間のヒートアイランドは気温差が小さいものの層が厚い（数百〜千数百 m）ため，大量の余剰熱を持ち，風の変化や雲の発生・発達に与える影響は夜間よりもむしろ大きい（6.3，6.4，9.3節参照）．いずれにしても，ヒートアイランドは大気の下層に限局された変化であり，これは地球温暖化が大気全層にわたるのとは決定的に違う点である．

なお，昼間に明瞭なヒートアイランドが観測された例もある．特に，郊外が水田になっている都市では，夏の昼間にその都市内外の気温差が4℃に達するという報告もある．これは，混合層内に拡散してもなお，目に見える気温変化をもたらすほどの大きな熱収支差があることを意味する．また，大都市圏では夏の午後に広い範囲で蒸発抑制効果による昇温が起きる（6.4節参照）．その一方，昼間に都心部の市街地がしばしば低温域になることは，前記のとおりである．

研究者によっては，夜のヒートアイランドの成因の1つとして建物によるかき混ぜ（攪拌）を挙げる［64］．夜は大気の乱流が弱く，郊外では接地逆転に

なっているが，都市は建物が建っているため，これに風が当たって乱流が生じ，空気は上下にかき混ぜられる．接地逆転した空気がかき混ぜられれば，気温を（正確には温位を）上下に一様化する作用が働き，地上の気温は上がり上空の気温は下がる（図 3.10）．このメカニズムを提唱する研究者によると，いくつかの中小都市で観測を行った結果から見て，かき混ぜが夜のヒートアイランド形成に大きく寄与しているようだと言う．しかし，この効果についての詳しい研究は少なく，その評価は今後に残された課題になっている．

◆◆ 注 ◆◆

1) 英語の "heat island" は，都市だけでなく本物の島など自然の高温域の意味にも使われることがある．そのため，英語の文献では "urban" をつけて "urban heat island" と言うことも多い．訳せば「都市ヒートアイランド」であるが，日本では「ヒートアイランド」が都市の高温域を指す言葉として定着しているので，本書では「都市」をつけないで使う．
2) 日射すなわち太陽熱が，空気を直接暖めるわけではないことに注意してほしい．空気は日射をほとんど吸収しないので，日射の大部分は空気を素通りしてしまう．地表面が日射エネルギーを受け取って暖まり，その熱が空気に伝えられて気温が上がるという順序になる．
3) 正確には，地中の水分が毛管現象で少しずつ地表へ上がってきて，細々と蒸発が続く．その大きさは，地面の材質が一様で初期の水分量も一様であるという単純な場合なら，時間とともに指数関数で減少する．
4) Q_E は，夜でもマイナスになるとは限らない．露や霜が降りるときは Q_E はマイナスであるが，空気が乾いていると夜でも地表面からの蒸発が続き，Q_E は弱いながらプラスのままになる．実際，2.2 節で触れたように，Q_E の年平均値は多くの場所でプラスの値になる．また，Q_H の年平均値も地球全体で平均すると弱いながらプラスである．これらの Q_E や Q_H が Q^* とつり合う形になっている．Q^* の全球の年平均値は $1\,\mathrm{m}^2$ 当たり 100 ワットぐらいである．
5) この数値は水蒸気や温排水の形で排出される熱を含まない．これらを入れると，東京 23 区の 1 日当たりの人工排熱量は 2106 テラジュールになる [57]．
6) 12 メガジュールというのは東京の 1981〜2010 年の平均値であり，曇や雨の日を含む数字である．夏の晴れた日の日射量は $1\,\mathrm{m}^2$ 当たり 25〜30 メガジュールである．
7) 20 世紀の中期から後期にかけては，都市に限らず世界の陸地の広い範囲で最

低気温の上昇率が最高気温の上昇率を上回っていた［91］．しかし，1980年以降はその傾向がなくなり，最高気温も最低気温もほぼ同じ率で上がってきたことが報告されている［92］．

4

都市気候をめぐる話題

前章ではヒートアイランドの基本的な特徴について述べた．本章ではその続きとして，ヒートアイランドをはじめとする都市の気候に関連したいくつかの話題を紹介する．

◆◇◆ 4.1 緑地クールアイランド ◆◇◆

公園などの緑地が，しばしばまわりの市街地に比べて涼しいことは，以前から知られていた．まわりよりも気温が低いところはクールアイランド（cool island）と呼ばれる．最近，夏の都市の暑さが問題になるにつれ，緑地が作り出すクールアイランドへの興味が高まってきている．

図 4.1 は皇居のまわりの気温を測った例である [53]．皇居周辺の緑地の気温はその外側よりも 2～3℃ 低い．そして，この低温は周囲の市街地の一部にも及んでいるように見える．

図 4.2 は新宿御苑の内外で通年の気温観測を行い，晴れた日の緑地内と市街地との気温差の季節変化を示したものである [39]．興味深いことに，昼間の気温は 5～10 月は園内のほうが低いが，11～4 月は逆に園内が高い．緑地の中は夏は涼しく冬は暖かいことがわかる．一方，夜間は年間を通じて緑地の気温が低めである．ただし，緑地と言っても芝生と林とでは気温差があり，その差は最大 2℃ ぐらいになる．

夏に緑地が涼しいのは植物による蒸発散や日陰の効果として理解できるが，冬の昼間に緑地が暖かいのはなぜだろう？　図 4.2 の観測が行われたところ

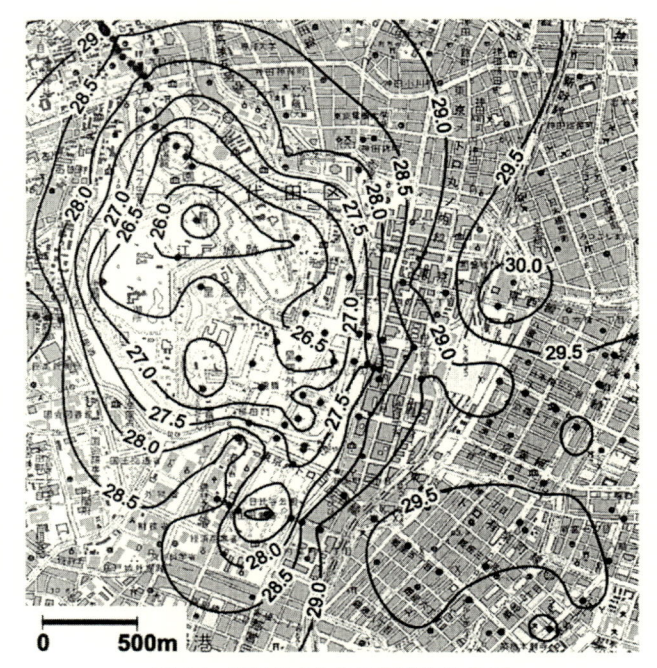

図 4.1 皇居のまわりの気温分布［53］
2007年8月10日03〜04時．04時の気象庁の風は西1.4m/s．等温線は0.5℃ごと．

は，冬になるとほとんどの樹木が落葉する．そのため日射で地面が暖まる一方，冬は蒸発散が少なく，これによる冷却効果は弱い．他方，市街地はビルが日陰を作り，特に太陽高度の低い冬は日陰が多くて気温が上がりにくいと考えられる（路地裏の寒さを思い起こしてほしい）．これらが，緑地と市街地の気温差になって現れているのであろう．

　緑地クールアイランドは，都市気候の微細構造を象徴するものでもある．実際，都市の中の気温は場所によって違い，夜の気温は建物が立て込んだところで高いことや，平屋建ての地域よりも二階建て家屋の多い地域のほうが気温が高い傾向にあることなどが報告されている．ヒートアイランドというのは，こうした微細構造をならしたマクロな概念に他ならない．

　都市の高温を作り出すのは，1つ1つの建物や道路という単位での熱収支変

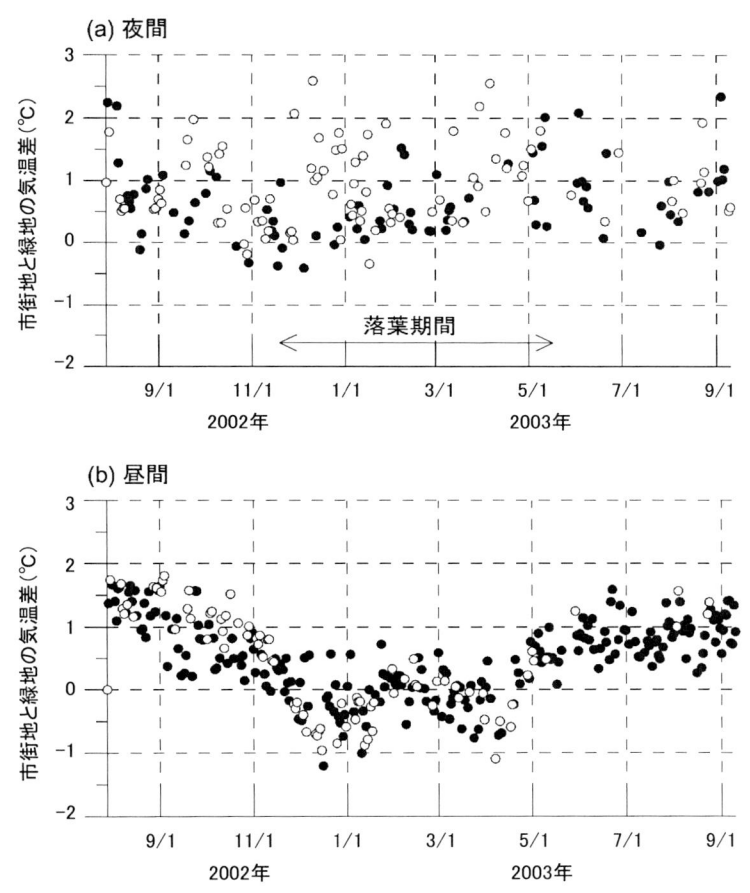

図 4.2 新宿御苑内（2 地点）と周辺市街地（3 地点）の気温差 [39]
縦軸は市街地の気温から御苑内の気温を引いたもの（したがって，プラスの値は御苑内が低温，マイナスの値は御苑内が高温であることを表す）．○は無降水かつ晴天で弱風の日，●はそれ以外の無降水日．

化であり，したがって，ビル街や緑地や住宅地など，区分ごとの細かい気温分布ができるのは不思議でない．では，マクロなヒートアイランドすなわち「都市全体を覆う高温域」の実体は何だろう？ それを考えるため，緑地のまわりに市街地がなく，あたり一面が田園である状況を想像してみよう．ビル街の中の緑地はたしかに涼しいけれども，田園に囲まれた緑地はもっと涼しいはずで

ある.そのことは,緑地の気温に周囲の環境が影響していることを意味する.新宿御苑の場合,大ざっぱな評価ではあるが,緑地クールアイランドの強さ(園内と周辺の市街地との気温差)は,都市ヒートアイランドの強さ(東京と郊外との気温差)の0.2〜0.5倍と見積もられている [39].この値が「1倍」より小さいことは,緑地にもヒートアイランドによる高温が及んでいることを物語っている.建物や道路や工場などといったミクロな要素が何 km にもわたって集積した結果として,どのようにしてマクロなヒートアイランドができ上がるのだろうか.これは,ヒートアイランドの形成メカニズムの根本に関わる問題であり,1970年代ごろから議論されてきたが,都市の複雑さのためまだ理解が十分ではない.

◆◇◆ 4.2 休日は都市の気温が低い ◆◇◆

前述のように,ヒートアイランドの成因の一端は人間活動による熱の排出(人工排熱)にある.人間活動には1週間という周期があり,人工排熱量も平日と休日とで違うはずである.この違いによる気温の差を検出できないだろうか.

図4.3は,29年間のデータを使って平日と土休日の気温差を調べたものである(土曜日と休日それぞれ,平日の同じ時刻からの差を表す.休日とは日曜日と祝日).東京では土曜日の午後と休日の気温が平日よりも 0.2℃ ほど低い.大

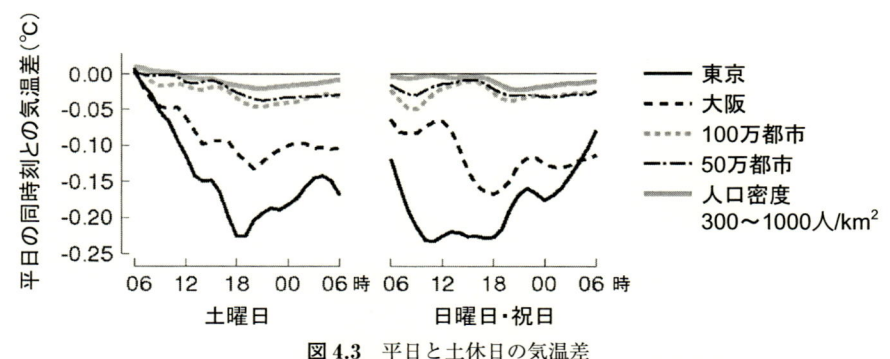

図4.3 平日と土休日の気温差
土曜日と休日それぞれ,平日の同じ時刻からの差.29年間(1979年3月〜2008年2月)のアメダス資料による.

阪では 0.1〜0.15℃，これら以外の百万都市や人口 50〜100 万の都市では最大 0.03〜0.04℃，土曜日の夕方や休日の朝夕を中心として平日よりも気温が低くなっている．平日との気温差が朝夕に大きいのは，混合層が発達せず，気温偏差が地上付近の薄い層に集中しやすい時間帯だからであろう．人口密度が 1 km^2 当たり 300〜1000 人という，都市化の程度が比較的小さい地点（大まかに言って人口数万の市町村に相当）でも，0.02℃ ぐらいではあるが平日よりも低温になる．ということは，そういう場所でもわずかながら人間活動による排熱が気温に影響していることになる [82]．

気温の週変化は，曜日によって気温に差が出るということ自体がおもしろいが，それだけではない．都市のヒートアイランドや高温化は，都市と郊外の気温差あるいは長期的な気温上昇という形で現れるのだが，自然の複雑さや観測精度の制約により，データに現れた変化をすべて都市化によるものと言えるわけではない．例えば夏の東京都心は東京湾の臨海部よりも暑いが，これはヒートアイランドのせいだけでなく，臨海部は海から吹く風のため涼しいという事情も関わっている．風や気圧は気温以上に自然要因の影響が大きく，都市に起因する変化を疑問の余地なく実証するのは簡単ではない．一方，1 週間というのは人間が作った周期であって，自然とは関係がないので，統計学的な見極めをきちんとやれば，人間活動が気候に影響しているという説得力のある証拠を得ることができる．平日と休日の気温差として検出された 0.02℃ などの数値は，実生活上問題になる大きさではないが，人間活動が気候に影響している明確な証拠が得られた点が重要である．

もっとも，上の文中にある「統計学的な見極めをきちんとやれば」という点は大事である．気象の週変化は社会的に興味が持たれやすいテーマだが，データの扱いや結果の解釈を誤るとまちがった結論に至るおそれもあるので注意が必要である（5.3 節参照）．

◆◇◆ 4.3 都市の乾燥化 ◆◇◆

1.1節で見たように，東京では明治期に比べて湿度が大幅に下がっている．湿度の低下は他の都市でも見られるもので，気温の上昇に並ぶ都市の気候の大きな特徴である．

湿度とは正確には「相対湿度」と言う[1]．一般に，空間に存在できる水蒸気の量には上限があり，これを「飽和水蒸気量」と言う．相対湿度とは，飽和水蒸気量を100として，空気中にどれだけの水蒸気があるかを表す量である．飽和水蒸気量は気温が高いほど大きく，したがって，水蒸気の量が変わらなければ，気温が上がるにつれて，これと逆相関するように相対湿度は下がる．実際には，都市化が進むと水蒸気量は減る傾向があるので，相対湿度はますます低くなる（図4.4）．ただ，冷え込んだ夜は郊外では霜や露が降り，空気中の水蒸気は失われる．このようなときは，都市のほうが郊外より水蒸気量が多いこともあるようである（それでも相対湿度は都市のほうが低いのが一般的である）[9]．

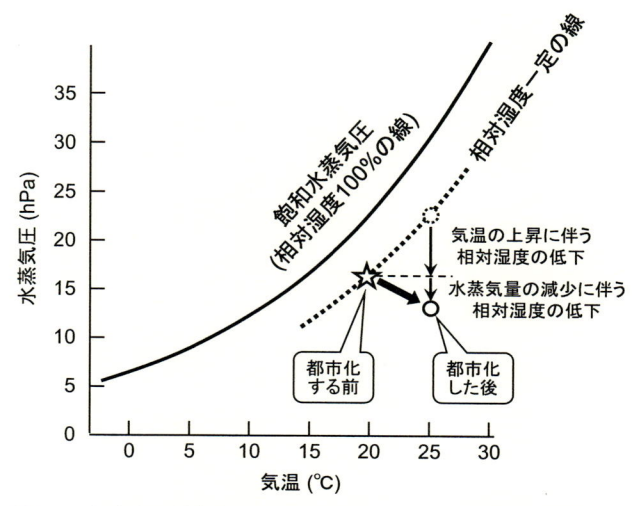

図4.4 都市化に伴う気温と水蒸気量，相対湿度の変化の概念

都市の水蒸気量を減らす原因の1つは，植物が少なく，蒸発散が弱いことである．特に夏の昼間は，郊外では植物が多く蒸発散が盛んなので，都市と郊外の水蒸気量の差が目立つ．また，都市は混合層が郊外よりも高く発達し，上空の乾いた空気が取り込まれやすいことも考えられる．一方，都市には水蒸気の発生源がある．燃料が燃えるときに水蒸気が放出されるし，ビルなどで使われる水冷式の冷房は大量の水蒸気を排出する．1994年夏に行われた観測では，銀座のビル街で意外にたくさん（降水量に換算すると1時間当たり0.3 mmぐらいに相当）の水蒸気が出ているのがわかり，その発生源として水冷式冷房が有力視されている [14]．東京23区全体として見ると，人工的な水蒸気の排出量は，それらが凝結したときに発生する凝結熱に換算して1日当たり299テラジュールと算定されている [57]．これは，1日に0.2 mm，年間では72 mmの降水に相当する．このような水蒸気源により，都市の乾燥がある程度緩和されている可能性がある．

ともあれ，都市の湿度が低いのは事実である．冬はともかくとして，夏に湿度が低ければ，カラッとして爽やかなはずではないだろうか？　しかし，大都市の夏は爽やかどころか，郊外以上に暑苦しいではないか？

人体が感じる暑さ寒さの感覚を体感温度と言う．昔よく使われた「不快指数」は気温と湿度から計算される体感温度の尺度であり，例えば気温が32℃で湿度が45%のときと，気温30℃で湿度61%のときの不快指数はどちらも同じ80である[2]．しかし，体感温度は放射や風速にも関係する．市街地が暑苦しいのは，気温が高い上に路面や建物からの照り返し（日射の反射）と赤外線があり，これらが体感温度を上げるからであろう．最近は標準新有効温度（standard new effective temperature, SET*）や湿球黒球温度（wet bulb globe temperature, WBGT）など，放射を加味した体感温度指数が使われている．

◇◇◆ 4.4　都市の霧とその長期変化 ◆◇◇

大都市では霧を見ることが少なくなった．東京の霧日数は2001～2010年の間に，いちばん多い年でも3日（2003年）しかなく，ゼロの年もある（2001, 2002, 2008, 2009年）．中小都市でも霧が減る傾向にある．その理由としては

都市の乾燥化が考えられよう．ただ，日光（中禅寺湖畔）や阿蘇山などの山岳地点でも霧日数の減少が見られるので，都市化だけでなく広域の気候変動が関わっているかもしれない．減反で水田が減ったために霧が少なくなったのではないかという説が出たこともあるが，都市化されていない場所での霧の変化については未解明の点が多い．

　一方，ひところはむしろ，都市は霧が多い傾向があった．ロンドンはかつて霧の都として有名だったし，「東京都60年間の異常気象」には1930年代に「濃霧」が8件，「濃煙霧」が1件記載されている［25］．その内容も，交差点の信号が見えなくなったり，電車の追突事故が起きたりという深刻なもので，悪視程による鉄道作業員の死亡事故や船の沈没事故も起きている．図4.5は明治以降の東京の霧日数の変化を示したものである．霧日数は19世紀末には年間十数日だったが，1920年ごろから急激に増え，1930年代には年間50日前後に達した．

　1930年代を中心とする東京の霧の特徴は，晩秋から冬にかけて多かったことである．その背景として，当時の大気汚染の深刻さが挙げられる．冬は季節風が吹いて太平洋側の平野部はスカッと晴れるというイメージがあるが，夜が長いこともあり，季節風が弱いときや曇ったときには大気が安定になって高濃度

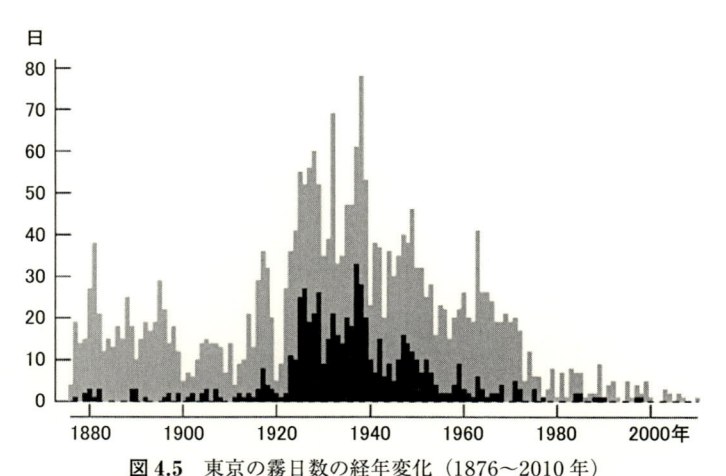

図 4.5　東京の霧日数の経年変化（1876〜2010年）
灰色は年間，黒色は冬（1, 2, 12月）の日数を表す．気象庁データと『東京都の気候』［48］による．

の大気汚染が起きやすいからである．当時は都市の大気汚染の大きな要素だった煤煙などの粒子が核（凝結核）になり，霧ができやすかったのだろう．

戦後になると東京の霧は減っていったが，これと入れ替わる形で1960年ごろにかけ濃煙霧（煙霧のため視程2km未満の状態）の日数が増加した（図

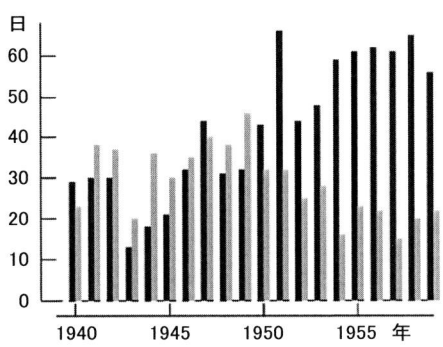

図 4.6 東京の霧日数（灰色）と濃煙霧日数（黒）の経年変化（1940〜1959年）
濃煙霧日数は三谷 [67] のデータによる．

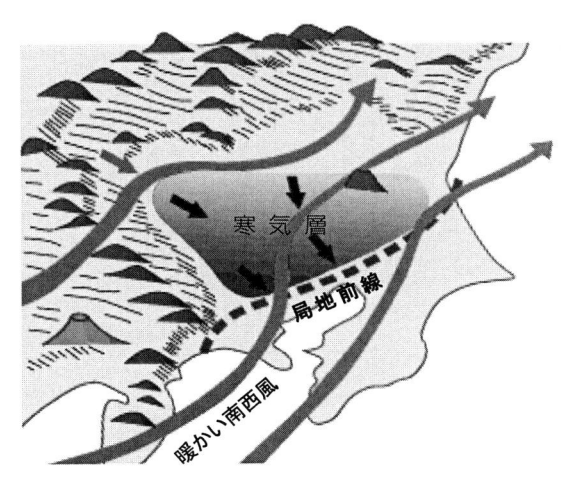

図 4.7 冬に東京付近で高濃度の大気汚染が起きるときの大気状態の模式図
平野上の薄い寒気層の上を暖かい南西風が吹き，寒気層内に汚染物質が閉じ込められる．吉門ほか [70] の図4-29による．

4.6)．これは，大気汚染が改善されない中で都市の乾燥化が進み，霧に代わって煙霧が視程障害をもたらすようになったことを示すものである．1969年2月14日朝には，東京に「濃煙霧注意報」が出て話題になった．当日は視程が2km未満になり，交通などに障害が出る可能性があるため注意報が発表されたのだが，湿度は65％前後であり，「濃霧注意報」とするわけにはいかなかった．今では日本の都市の大気汚染は改善されてきたが，それでも冬に低気圧が近づいて上空に暖気が流れ込んだときには，地上に寒気が取り残され，その層内に汚染物質が閉じ込められてかなりの高濃度になることがある．図4.7はその状況を模式的に表したものである［70］．

コラム7 ◆ 煙霧とスモッグ

　煙霧（haze）とは「乾いた微粒子により視程が障害された状態」（視程10km未満）を指す．これは，水滴や湿った粒子が視程を妨げる霧（fog：視程1km未満）やもや（mist：視程1〜10km）とは区別される．しかし，湿度が高くなると吸湿性の煙霧粒子は霧やもやに変わっていく．したがって，煙霧と霧・もやの間にはっきりした境はなく，程度の違いに過ぎない．筆者が以前，成田空港で観測をしていたときは，湿度が75％以上ならもや，それ以下なら煙霧という区別をしていた．

　一方，都市の大気汚染を表す言葉としてスモッグ（smog）がある．これは煙（smoke）と霧（fog）を合わせたもので，煙霧と非常に紛らわしい．しかし，煙霧は必ずしも都市の大気汚染に伴うものとは限らず，また，スモッグは気象用語ではない．このように，煙霧とスモッグは別の言葉である．とは言うものの，都市の煙霧の多くが大気汚染によることも事実である．その意味で，都市の煙霧は事実上，スモッグの一種と見なせる．

　なお，煙（smoke）と煙霧（haze）を合わせたsmazeという言葉もあるらしいが，筆者は使われた例を見たことがない．

◇◇◆ 4.5 都市の雪と霜の長期変化 ◆◇◇

　冬から春先にかけて本州の太平洋側を低気圧が通るとき，関東地方では雪が降ることがある．しかし降り方は場所によって違い，東京西郊の多摩では数 cm 積もっているのに，都心は雨ということが珍しくない．都心はヒートアイランドのため，雪が少ないのだろうか．

　都市化と雪の関係については，まだ研究が少ないようだが，この問題は 2 つに分けて考えたほうがいい．雪が降ることと，積もることである．雪が降るとは，雪の粒子（雪片）が融けたり昇華したりしないで地上まで落ちてくることである．大ざっぱに言って，雪片の落下速度は毎秒 1 m ぐらいである．一方，降水時のヒートアイランドの高さはせいぜい数百 m であり，仮にこれを 600 m とすれば，雪片は 10 分ぐらいでヒートアイランドを通り抜けることになる．都市化によって降雪に変化が現れるかどうかは，この 10 分間に都市の熱で雪片がどれほど融けたり昇華したりするかにかかっている．東京では過去 135 年間に初雪は遅れ終雪は早まる傾向があるが，その変化率は 100 年当たり 10 日ぐらいである．春や秋の気温変化は 1 カ月当たり 5℃ ぐらいだから，10 日の差は平均気温にして 1.5〜2℃ の差に相当する．これは地球温暖化による気温変化率よりもやや大きいので，東京都心の雪は地球温暖化以外に，都市化の影響をある程度は受けているかもしれないが，その効果はわりに限られているようである．

　最初に述べたように，東京の西郊では雪なのに都心は雨ということがよくあるが，これは必ずしもヒートアイランドのせいではない．冬に太平洋側を低気圧が通るとき，関東平野の内陸部には寒気層があり，気温は内陸部すなわち北西部で低く，沿岸部すなわち南東部で高い分布になるのが普通である．これは都市のせいではなく自然の気温分布である．この気温分布を反映して，雪は多摩よりも都心，都心よりも千葉というように，東へ行くほど降りにくい傾向がある．

　一方，積雪に対する都市化の影響はもっと大きいはずである．都市は地表面の温度が高く，気温も高いため，地上に落ちた雪は融けやすいだろう．都市の

積雪分布を調べた研究は多くないが、都心の中心部で積雪が少ないことを示した分布図もある [42].

他方、寒い都市では人間活動によって排出される水蒸気が雪を降らせる原因になることがある [9, 42]. 一般に、過冷却した雲に小さい氷の粒（氷晶）が加えられると、氷晶は成長して雪の結晶になる[3]. 厳寒の中、煙突から排出される水蒸気がたちどころに凍って氷晶となり、過冷却雲に取り込まれて雪が降る例が報告されている [55].

初雪日と終雪日の変化が小さいのとは対照的に、東京の初霜日と終霜日はそれぞれ100年当たり1カ月半の率で遅れ、また早まっている。霜は地表面が冷え、空気中の水蒸気が昇華して付着するものであり、天から降ってくる雪と違って地表の現象であるため、ヒートアイランドの影響をまともに受ける。都市では高温化と乾燥化が進み、これらが霜を降りにくくしている。最近の東京ではひと冬に1回しか霜が観測されない年も現れている。近い将来、ひと冬を通じてまったく霜が降りない年が出てくるかもしれない。

◆◇◆ 4.6 大都市ヒートアイランドの進行は鈍化している？ ◆◇◆

大都市のヒートアイランドは年々顕著になっている。このままいけば、やがて真夏の東京都心は気温40℃を超える灼熱地獄と化す‥‥というような話を聞くことがある。実際、図1.3などで見たように、明治からこれまで東京の気温は上がり続けている。では、大都市のヒートアイランドはこれからも際限なく進行し続けるのだろうか。実は、必ずしもそうとは言えない‥‥という話題をここで紹介しておこう。

図4.8は20世紀以降の気温の上昇率を、30年ずつの期間（1991年以降は20年）に分けて求めたものである。これを見ると、東京では一貫して100年当たり3℃ぐらいの率で気温が上がっている。このうち、1990年までは中小都市や全球平均気温の昇温率は小さく、東京だけが突出して昇温していたのに対し、1991年からの20年間は中小都市も全球平均気温も東京と同じぐらいの率で上がったことがわかる。この20年間に限って言えば、東京だけが高温化したわけではなく、したがって、その昇温は都市化よりも地球温暖化によるところが

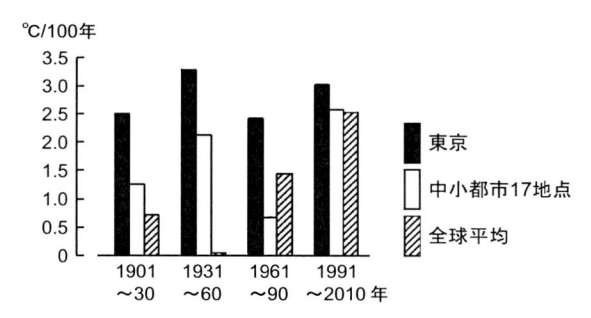

図 4.8 東京, 中小都市17地点および全球平均気温の上昇率 1901年から30年ごと（1991年以降は20年）の期間について求めたもの.

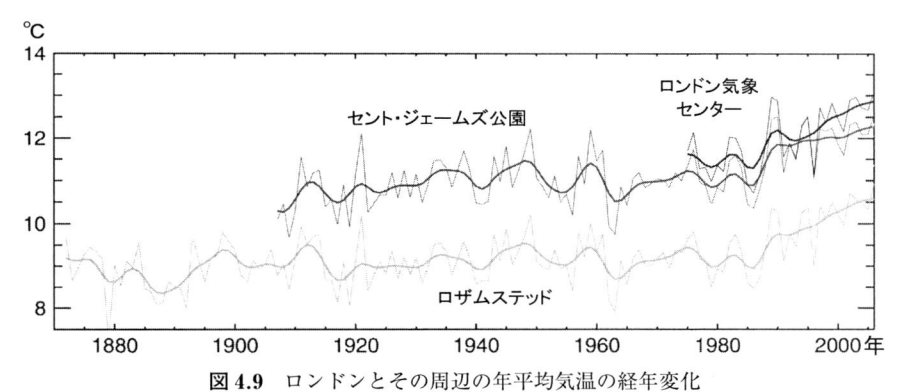

図 4.9 ロンドンとその周辺の年平均気温の経年変化
都心のロンドン気象センター（London Weather Centre）とセント・ジェームズ公園（St James's Park），および郊外のロザムステッド（Rothamsted, ロンドン気象センターの北北西35 km）について，細線は年ごとの値，太線はこれを平滑化したものを表す．Jones and Lister [94] の Fig. 1 の一部を簡略化したもの．

大きいことがうかがえる．

　この資料だけで東京のヒートアイランドの進行が止まったと言い切るのはまだ早い．しかし，国外の大都市でも昇温のペースが鈍っているところがある．例えばロンドンでは，中心部にある観測点と郊外の地点とを比べると，20世紀を通じて昇温率にほとんど差がない [94]（図 4.9）．ウィーンでも同じ傾向があるという．

　ヒートアイランドの進行が鈍る理由として考えられることの1つは，その立体構造にある．3.5節で示したように，夜のヒートアイランドは接地逆転層を下

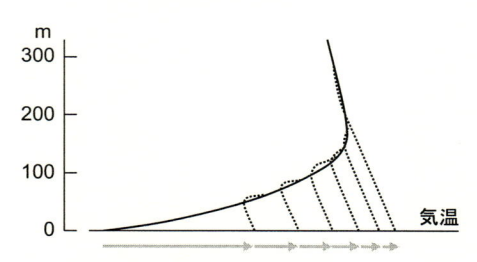

図 4.10 都市の発展に伴う夜間ヒートアイランドの立体構造の変化
実線は都市化する前の状態で，順次，点線のように一定量の加熱ごとに左から右へ変化する．

から侵食するようにしてできる．図4.10はヒートアイランドが発達するときの気温の変化を模式的に描いたものである．加熱が進むにつれて地上の気温は上がっていくが，それと同時にヒートアイランドが厚さを増していくため，同じ量の加熱による昇温量は小さくなる．このため，都市化の進展につれ，気温の上がり方はだんだん鈍っていくだろう．

　もう1つの要素は，都市がある程度大きくなると，中心部の景観はあまり変わらず，むしろ都市の周辺部で市街化が進むことである．東京23区の人口は1965年に889万，2010年に895万でほとんど変化がなく，この間の人口増加はもっぱら23区の外で起きている（図1.2参照）．このことに関連するが，近年の夏のヒートアイランドは広域化する特徴がある．この話題は6.4節で取り上げる．

　ついでながら，地球温暖化は大気中の二酸化炭素が増え続ける限り止まることはない．仮にヒートアイランドがこれ以上進行しなくても，地球温暖化によって大都市の気温は今後も上がっていくはずである．金星は地球とほぼ同じ大きさの惑星だが，地球の92倍の濃密な大気に覆われ，そのほとんどを二酸化炭素が占める[8]．金星の表面温度は460℃に達し，温室効果が極端に進んだ状態になっている．ヒートアイランドの進行が鈍るなら地球温暖化も‥‥というわけにはいかない．

◆◆ 注 ◆◆

1) 本書では,「湿度」をもっぱら相対湿度の意味で使う．空間中の水蒸気量のことを「絶対湿度」とも言うが, 本書ではこの言葉は使わない.
2) 不快指数 75 なら「半数の人が不快」, 80 以上なら「全員不快」とされる．昔はニュースでよく聞く言葉だった.
3) ごく小さい水滴は気温が氷点下になっても凍らず, 液体のままでいることがある．この状態は過冷却と言われる.

5

気候変動の信頼性に関する問題

　第2章で述べたように，全球平均気温の上昇率は1906～2005年の間に100年当たり0.74℃と算定されている．これは一見するとわずかな変化なのだが，それによって熱帯の蚊が日本で繁殖し始めた，珊瑚が白化して死滅しそうだ，北極海の氷が減って白熊が‥‥といったさまざまな議論が起きている．このことからわかるように，気候変動とはコンマ以下の変化が大きな意味を持つ世界であり，それだけ精度の高い評価が求められる．

　気候変動を検出しようとするとき，どのようなことに注意が必要だろうか．本章では，気候に関する統計情報の信頼性について考える．まず，地球温暖化と都市高温化の識別，すなわち都市バイアスの問題を取り上げ，その後で観測データの均質性や，統計的な方法に関わる問題について議論する．

◇◇◆ 5.1　地球温暖化の評価における都市バイアス ◆◇◇

　広い地球全体から見れば，都市が占める面積は微々たるものである．いくら大都市のヒートアイランドが顕著になってきたと言っても，全球平均気温への影響はないに等しく［92］．したがって，地球温暖化に対する都市高温化の寄与は無視できる．

　しかし，これとは別の意味で，都市の高温化は地球温暖化の問題に関わっている．それは，地球温暖化による気温変化を正確に評価するためには，都市化の影響を受けていない場所のデータが必要だという点である．現実には，歴史の古い観測所は都市に置かれているものが多いため，そのデータを使って気温

の長期変化率を求めると，都市の高温化による昇温が上乗せされる結果となって，地球温暖化による真の昇温率を過大に評価してしまう可能性がある．これが「都市バイアス」と言われる問題である．日本でも，明治時代に作られた気象官署の多くは県庁所在地や中核都市にあり，そのデータは程度の差はあれ都市化の影響を受けている．

　都市バイアスがどれほど困った問題であるかは，東京の気温変化が端的に物語っている．1.1節で示したように，20世紀初頭からの東京の気温上昇率は100年当たり約3℃に達する．同じ期間の全球あるいは国内平均気温の上昇率は100年当たり1℃内外なので，大ざっぱに言ってその差の2℃は都市化による正味の上昇と見なせる．これでは，とても地球温暖化の見積もりには使えない．中小の都市では都市化の影響も小さいが，仮に都市化による上昇率が東京の1割すなわち0.2℃ぐらいであっても，地球温暖化を評価する上で無視できない大きさである．言い換えると，中小都市のデータに含まれる都市バイアスも，地球温暖化の監視の妨げになるおそれがある．

コラム8 ◆ 気候変動の大きさについての感覚

　「過去100年間に地球上の平均気温が0.74℃上がった」．この0.74℃という値を聞いて，どう思うだろうか？　たった0.74℃？　それなら大したことなさそうだ‥‥という感じがしないだろうか？　「明日の気温は今日よりも0.74℃高い」という天気予報を聞けば，「じゃあ，今日と同じ服装でいいね」と思うだろう．だが，そのたった0.74℃の変化が多方面に影響を及ぼしつつあることは，本章の最初に書いたとおりである．

　これは統計の落とし穴の1つである．日々の変動における0.74℃と，長期変化の0.74℃とでは，まるで意味が違うのだ．

　ヒートアイランド対策の1つとして，建物の屋上や外壁の緑化がある．ヒートアイランドの原因の一端は，都市化で植物が減り蒸発散が弱まったことにあるのだから，植物を増やしてヒートアイランドの緩和を図ろうというアイデアである．では，建物緑化をすればヒートアイランドをどのぐらい抑えられるのだろうか．少し古いデータだが，緑化による降

温効果のシミュレーション結果を見たことがある．これは，東京の中心地域（山手線内よりも一回り広い範囲）の建物の屋上と外壁を30%緑化し，それ以外の23区内の屋上を20%緑化するという，まず実現は無理だと思えるような大がかりな施策を想定したものだった．しかし，それだけのことをやって予想される都区部の気温低下量は「0.1～0.2℃」という結果だった．「なんだ，それならやる意味がないじゃないか」，それが大方の反応であろう．

だが，考えてみよう．東京の都市化による正味の昇温率は100年当たり2℃ぐらいである（本文参照）．0.1～0.2℃というのはその5～10%に相当する．3.4節で述べたように，都市の高温化にはいろいろな要因が働いていて，植物の減少はその一部にすぎない．その影響を，緑化という形で少し抑えることにより，ヒートアイランドを5～10%緩和できる‥‥と考えれば，0.1～0.2℃という気温低下量が小さすぎて無意味だとは言えないだろう．気候変動としての0.1～0.2℃は，決してあなどれないものなのである．それより，都市化による正味の昇温率が100年当たり2℃ぐらいなのに，平均気温を2℃も3℃も下げようと期待するほうが無理なのだ．科学に裏づけられた堅実な評価は，時として地味なものだが，気候変動もその例外ではないと言えるだろう．

地球温暖化への関心が高まり始めた当初（1990年ごろ）は，世界の気候データに含まれる都市バイアスがひょっとすると相当に大きいのではないか，全球平均気温の上昇率のかなりの部分が都市バイアスではないのかという見方もあった．しかしその後，都市化されていない地点のデータを使うなど，都市バイアスを避ける方法により，地球温暖化の評価における信頼性の向上が図られた．IPCCの第4次評価報告書に書かれた100年当たり0.74℃という全球平均気温の上昇率は，都市バイアスをほとんど含まないと考えられている［92］．

図2.1で見たように，全球平均気温は1980年ごろから急速に上がってきた．この時代については，ゾンデや人工衛星による上空の気温のデータが使える．ゾンデや人工衛星のデータにも，それぞれ問題点はあるが[1]，注意深い解析により，上空の気温も上がってきたことが確かめられている［92］．上空の気温には都市バイアスはないので（なぜなら，ヒートアイランドの高さはせいぜい

1000mのオーダーだから；3.5節参照)．これらの事実は近年の昇温が都市バイアスのせいではないことを裏づけるものである．また，海面水温も地球全体のスケールで気温とほぼ同程度の上昇をしている [92]．このようにして，今では地球上の気温が上がったこと自体は疑う余地がない．しかし，日本や中国のように都市化の進展が著しい国で，地球温暖化による気温変化を精度よく評価する上では，都市バイアスの問題が依然として残っている．

　日本の場合，図1.6に掲げた中小都市17地点のデータによる1901年以降の昇温率は100年当たり1.2℃であり，全球平均気温の上昇率よりも大きい．地球温暖化の速さには地域差があるので[2)]，日本の昇温率が地球全体の平均より大きくてもおかしくはないが，図1.6の統計に使われた17地点の中には県庁所在地も含まれ，都市バイアスの存在は否定し切れない．気象庁自身，上記17地点の気温変化について「都市化の影響を多少は受けており，厳密にはこの影響を考慮しなければならない」という注釈をつけている [23]．日本の農村や山野で，地球温暖化によってどのぐらい気温が上がっているのか，それは農林業や生態系の保護にとって大事な問題なのだが，都市化されていない場所の長期の観測データが乏しいこともあり，まだ議論が続いている[3)]．

　1.3節で述べたように，日本には明治・大正時代から区内観測によるきめ細かい観測データがあるが，その多くは紙（原簿など）や画像（DVDなど）の形でしか保存されていないため，せっかくのデータが十分に利用されないでいる．日本に限らず，古い気象観測データは紙に記録されているものが多い．国によってはデータの保存状態が悪く，災害や戦乱，社会体制の変化などで失われるおそれもある．こうしたデータを電子化し，後世に残していこうという活動のことをデータレスキュー (data rescue) と言う [36]．世界気象機関（WMO）はデータレスキューを「気象観測記録を，画像ファイルとして劣化のおそれがない媒体に保存すること」および「観測データの数値を解析可能な形式で入力すること」と意味づけ，世界気候計画の中にそのプロジェクトを立ち上げている．日本でも，気象庁や研究者の手によって一部のデータの電子化が進められているが，まだ多くのデータは紙や画像の状態にとどまっている．明治時代，夜中にランプを片手に観測に向かった観測員の姿を想像すると，100年を経た今，それらのデータをぜひ電子化して気候変動の解明に役立てたいものだと思う．

最近では，都市よりもっと狭い地域の環境変化の影響も問題になっている．図4.1で見たように，皇居の中とそのまわりの市街地という，わずか数百mの距離の間にも，時として数℃の気温差が現れる．これは1つの観測例にすぎないが，図4.2のように数十回の観測結果を見ても，緑地と市街地の間に平均1℃内外の気温差が見られる[4]．ある地点のデータがどれぐらいの範囲の気温の目安になるのか，その度合いを表す言葉が「空間代表性」である．大ざっぱに見れば，気温の観測値にはそれなりの代表性がある．福岡の人が横浜へ行こうとするときに，テレビの気象情報で「東京の気温が21.8℃」だとわかれば，どのような服装で行けばいいかを判断できるだろう．それは，東京の気温が首都圏一帯の気温をほぼ代表するという，暗黙の了解があるからだ．そして，もし実際の横浜の気温が19℃や23℃だったとしても問題にはなるまい．しかし，気候変動の監視にとっては，1℃未満の差も見過ごせない．一般に，海陸のコントラストや土地の起伏，土地利用状態の違いなどは，気温差を作り出す原因になるため，沿岸部や都市域，山岳域では，気温の空間代表性は低い傾向がある．

もっとも，気温そのものに地域差があっても，変化傾向が一様なら気候変動の検出に使える．別の言い方をするなら，気温そのものの代表性が低くても，長期変化量の代表性が高ければ問題は少ない．しかし，観測所の周囲に建物が増えたり，公園ができたりすれば，気温の変化傾向にも周囲との差が生じ得る．海岸沿いの観測所では，干拓や埋め立てなどの影響があるかもしれない．さらに狭い範囲の変化として，近藤純正氏は「日だまり効果」という問題を提起している [33]．これは，観測所のすぐそばに建物や樹木が増えて風通しが悪くなり，熱が拡散しにくくなって気温が上がる効果であり，都市以外の地点でも起こり得るものである．

コラム9 ◆ アメダスで見た都市バイアスと日だまり効果

1970年代に展開されたアメダスの観測所の中には，あまり都市化されていない場所に置かれているものもある．したがって，1970年代の末以降に関しては，それらのデータを使って都市バイアスを除いた気温変化

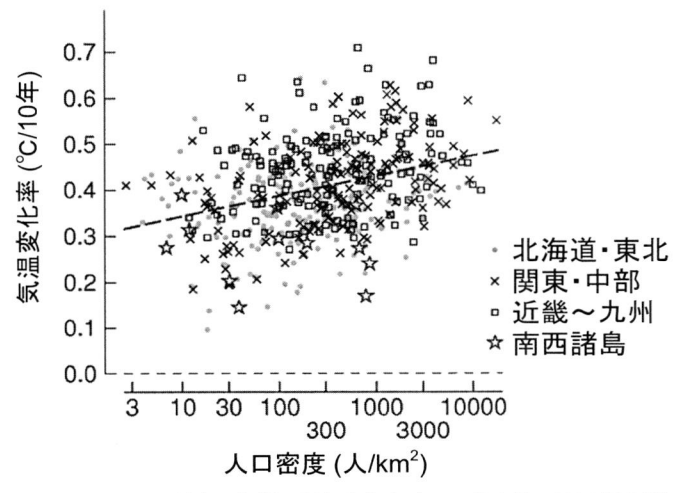

図 5.1 アメダス地点の気温の経年変化率（1979 年 3 月〜2011 年 2 月）と，周辺の人口密度との関係 [64]
破線は 1 次回帰．

率を見積もることができる．図 5.1 は，1979 年 3 月〜2011 年 2 月の 32 年間の昇温率と，各地点のまわり約 3 km の人口密度の関係を調べた結果である [64]．これを見ると，人口密度が 1 km^2 当たり 100 人未満という，ほとんど都市化されていない地点でも，平均して 10 年当たり 0.3℃ の昇温が見られる．これは，ここ 30 年ぐらいの昇温が農村や山野を含む全国規模のものであることを裏づける．その一方，人口密度が高い地点ほど昇温率が大きい．大都市だけでなく，人口密度が 1 km^2 当たり 100〜300 人の地点（小さい市や町村に相当）でも，人口密度 100 人未満の場所に比べると昇温率がわずかではあるが大きめである．これは，大都市だけでなく小さい市町村のようなところでも若干の都市バイアスがあることを示している．

一方，アメダスで観測された風速は全国平均にして 10 年当たり約 3% の率で低下してきた．その原因の 1 つとして，観測所の周囲に建物や樹木が増え，それらが障壁になったことが考えられる．アメダス地点のうち，比較的風の強いところを対象にした統計によると，風速の減少率が大きい地点ほど最高気温の上昇率が大きい傾向が弱いながら認められ，日だまり効果が実際に起きている可能性がうかがえる [81]．しかし，建

物や樹木の増加が気温に与える影響は単純ではなく，日陰を増加させて気温を下げる効果などもあり得よう（4.1節参照）．日だまり効果の実態や詳しいメカニズムについてこれからよく調べていく必要がある．

◆◇◆ 5.2　観測方法の変遷とデータの均質性　◆◇◆

　気象庁が気象観測に使っている温度計や風速計などの測器は，それぞれの規格に基づいて作られ，検定を経て使用されている．測器を設置する場所についても，いろいろな要件が決められていて，気温や湿度の観測は芝地で行うこととなっている［18］．したがって，その観測値には相応の信頼性があると言える．

　その一方，技術の進歩に伴って測器にはいろいろな形で変更が加えられてきた．機械化・自動化という必然的な時代の流れとともに，観測の方法は様変わりしているし，観測時刻や回数なども変わっている．このような変化の中で，長期間の観測値やその統計値を扱うときにはいくつか注意すべき点がある．以下，気温の観測を中心にしながら主なものを一通り見てみよう．

(1) 測器の種類の変更

　前述のように，気象の測器は検定を経て使うことになっていて，観測精度は保証されている．しかし，そうは言っても屋外の気温変化に対する測器の応答には微妙な違いがあり，また，日射や風の影響など実験室内では厳密に評価しにくい要因もある．そのため，温度計の違いによって観測値に若干の差が現れることがないとは言えない．

　以前は，気温や湿度の観測に百葉箱が使われていた．百葉箱の中の温度は，昼間は外気よりも0.1〜0.2℃高く，夜間はやや低いことがわかっている［18］．百葉箱は1970年代に廃止され，気温の観測は金属と断熱材からなる二重の筒（通風筒）の中心部に温度計（白金抵抗温度計）と湿度計を取りつけ，ファンで強制的に通風する方式になった（図5.2）．その後も温度計の仕様には少しずつ変更が加えられている．

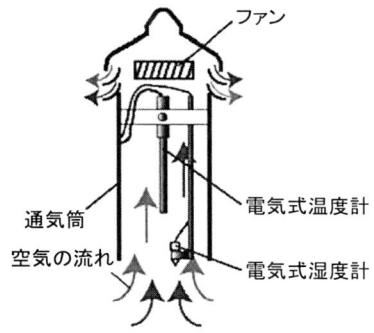

図 5.2 通風筒の外観（左）と内部の構造（右）
内部構造の図は「こんにちは！気象庁です！」2004 年 1 月号による．

気象庁で測器が変わるときにはしばしば，新旧 2 種類の測器で同時に観測をする「比較観測」が行われてきた．1980 年ごろから使われ始めた「JMA-80 型地上気象観測装置」の場合，地点によってはそれまでの仕様の温度計に比べて 0.3℃ 程度の差（数十回の比較観測による差の平均値）が検出されている [26]．その後，80 型測器は 95 型に変わったが，このときも最高気温に全国 15 地点の平均で 0.14℃ の差が生じたとする指摘がなされている [66]．2011 年からは「JMA-10 型地上気象観測装置」が順次導入されている．

(2) 観測時刻の変更

気象庁が発表する 1 日の平均気温（日平均気温）とは，1 日 24 回（01 時〜24 時）の観測値の平均である．しかし，そのように統一されたのは 1990 年代からであり，以前は 1 日の観測回数が 8 回（3 時間ごと）あるいは 6 回（4 時間ごと），地点や時代によっては 1 日 3 回（8 時間ごと）や 4 回（6 時間ごと）だったこともあった．観測回数が 1 日 6 回以上なら平均気温の統計値はほとんど影響されないが，3 回とか 4 回だと 1 日 24 回の観測値から求めた値との間に若干の差ができることがある [24, 33]．その差はせいぜい 0.2〜0.3℃ であり，日常生活に関わるものではないが，長期の気候変動を調べるときには気をつける必要がある．

【09時日界による最低気温】

26.6℃ 05時27分　　23.1℃ 05時07分

24.2℃ 23時56分　　23.1℃ 05時07分

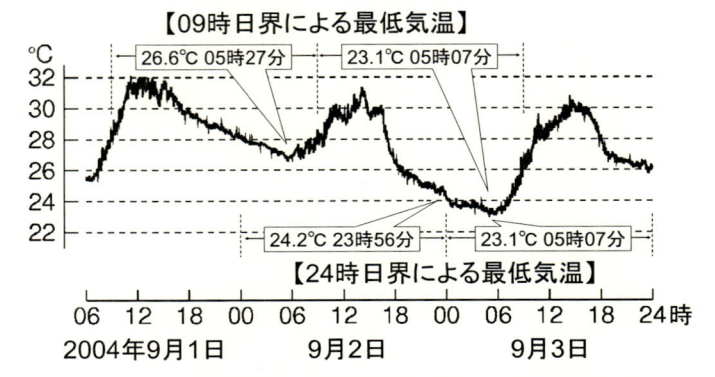

【24時日界による最低気温】

06 12 18 00 06 12 18 00 06 12 18 24時
2004年9月1日　　9月2日　　9月3日

図 5.3 日界の違いによって最低気温の観測値に差ができる例
2004年9月1～3日の東京の観測結果．9月2日は，日界09時の最低気温は05時27分の26.6℃であるのに対し，日界24時の最低気温は23時56分の24.2℃となる．9月3日の最低気温は日界によらず05時07分の23.1℃である．

　また，最高・最低気温は00～24時の最高・最低値を使うことになっているが，1953～1963年は最低気温として前日09時～当日09時の最低値を使っていた．気象観測における1日の区切りの時刻を日界と言う．この言葉を使うと，今は日界が24時であるのに対して1953～1963年の最低気温は日界が09時であった．この違いの影響は意外に大きく，09時を日界とする最低気温の平均値は，24時を日界とする値よりも平均0.4℃ほど高い [60]．図5.3はその理由を示したものである．普通，気温は明け方が1日のうちいちばん低いので，日界が24時でも09時でも最低気温は同じである．しかし，夕方以降に急激に気温が下がった日には，明け方よりも夜のほうが気温が低くなり，日界を24時とすると夜に最低気温が出る．これに対し，日界を09時としたときの最低気温はあくまでも明け方の値であり，ここに観測値の差が生ずる．このような日がときどきあって，日界の違いによる差が積み重なる結果，長期間の平均値にも差が現れる[5]．

　観測データを取得（サンプリング）する時間間隔も最高・最低気温に影響する．従来，最高・最低気温は最高温度計や最低温度計を使って観測されていた．これは測定原理から言えば，連続的な気温変化のうちの最高・最低値を与える．気象官署ではその後，最高・最低温度計は廃止され，温度計の観測値を連続的

に記録してその最高・最低値をとる方式に変わったが，この変更による影響は小さいはずである．一方，アメダスでは2002年までは1時間ごとの観測値のうちの最高・最低値が使われていた．2003年からは10分ごとの収録になり，2008年からは観測装置の更新が済んだところから順に連続観測へ置き換えられている．気温は刻々と変動するので，1時間ごとの観測値や10分ごとの観測値から求めた最高気温は，連続観測によるものよりも低くなる．最低気温はその逆である．全国の気象官署146地点について，1979～1997年のデータを調べた結果によると，1時間値から求めた最高気温は連続観測によるものよりも平均0.38℃低く，最低気温は平均0.19℃高かった [61]．

観測所の移転によって観測値に不均質が生ずる場合もある．気象観測はなるべく同じ場所で続けられるといいのだが，いろいろな事情で移転せざるを得ないこともある．東京（気象庁）をはじめとして，明治時代にできた気象官署の大半は，これまでに移転を経験している．

このような問題をあれこれ挙げていくと，気象データに不信感を持つ人が出てくるかもしれない．しかし，何十年という長い期間の中で，測器の種類や観測のやり方が変わるのは避けられないことであり，世界のどこの国でも似たような事情がある．大事なことは，測器や観測方法の変遷による影響を考慮に入れ，データから算定される気候変動の信頼性を見積もることである．例えば，観測所の移転はたしかに問題だが，すべての地点が一斉に移転するわけではない．したがって，地点ごとに均質性が保証される期間をとり，そのデータをうまくつないでいけば，移転の影響を除いた気候変化を復元できるかもしれない．このようにいろいろな工夫をして解析の精度を高める努力を行い，それでもカバーし切れないことについては，今後の問題点として将来の解決をはかっていくのが，気候変動の問題に向き合う建設的な姿勢であろう．

そこで大事なのは，変遷の履歴をつぶさに記録しておくことだ．観測場所や測器の種類，観測方法・時間など，データに関わる付随情報のことをメタデータ（metadata）と言う．気象データを有効に活用するためには，メタデータの整備が決定的に重要である．国によっては，過去の測器の種類はもとより，観測所の位置や観測時刻がわからなかったり，データの単位が不明（例えば℃か°Fか）だったり，観測日数の情報がなかったり（そのため，月降水量が何日間

の値なのかわからない）等々，データを使う上で欠かせない基本的な情報が欠落していることも珍しくない．その点，日本では観測所の位置や測器・観測方法，観測時刻など，主なメタデータは記録に残っており，世界的に見れば気象データの管理がよくできている．

　ただ，気候変動への関心が盛り上がり，メタデータの重要さが意識され始めたのは最近のことであり，その整備や共有化に向けて残された課題は多い．測器の比較観測結果や仕様変更などの詳しい記録の中には，担当部局の内部資料にとどまっているものもある．地球温暖化をはじめとする気候問題へ立ち向かっていく上で，長い年月に多大な労力や資金を投入して得られてきた観測データを活かしていくため，5.1節で触れたデータの電子化とあわせ，メタデータのさらなる充実と共有化を望みたい．

◆◇◆ 5.3　気象データの統計における問題点 ◆◇◆

　例えばの話，ある都市で近ごろ雷が多いとしよう．過去20年間のデータを調べたところ，年間の雷の日数は図5.4のようになっていた（これは架空のデータである）．前半の10年間は雷日数が合計80日だったのに対し，後半の10年間は121日となり，50%以上増えている．このデータから，この都市で雷が増えていると言っていいだろうか？

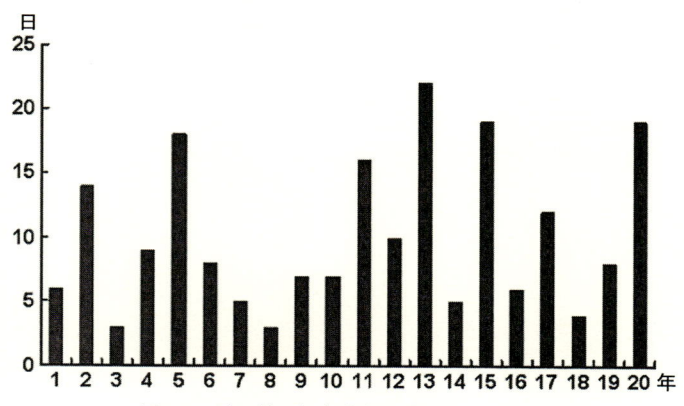

図5.4　雷日数の経年変化の模擬データ (1)

5.3 気象データの統計における問題点

しかし，グラフを見ると年々の変動が大きく，雷日数が多い年もあれば少ない年もある．とすると，絶え間なく続く雑踏の人波が，たまたまある時間だけフッと途切れることがある‥‥のと同様，雷日数の増加もランダムな，すなわち規則性のないでたらめな変動の一部を見ているだけなのではないだろうか？

このような疑問に答えるのが統計的検定である．「雷日数の年々変動はランダムである」と仮定したとき，図5.4のような増加傾向が偶然現れる確率がどの程度であるかを，しかるべき統計理論に基づいて計算する．その結果，偶然である確率が十分に小さければ，図5.4の変化は偶然の所産とは考えにくいことになり，「増加は有意である」，すなわち雷日数が実際に増えているのだと結論できる．確率が「十分に小さい」かどうかの目安としては，5%とか1%の値が使われる．これは有意水準，あるいは危険率と呼ばれる．危険率とは，「ランダムな変動にすぎないものを，本物の変化だと誤認してしまう危険」の大きさを表すものだと思ってほしい．

図5.4のデータについて，年々の変動が互いに独立で，正規分布に従うと仮定すると，前半と後半の日数の差は危険率5%どころか10%でも有意ではない．したがって，雷日数の増加がランダムな変動によって起きた可能性を捨て切れず，「雷日数が増えているとは言えない」という結論になる[6]．

では，図5.5はどうだろうか？　これも，前半の10年間は雷日数が計80日，後半の10年間は121日で，増加率は図5.4と同じである．しかし，年々の変動

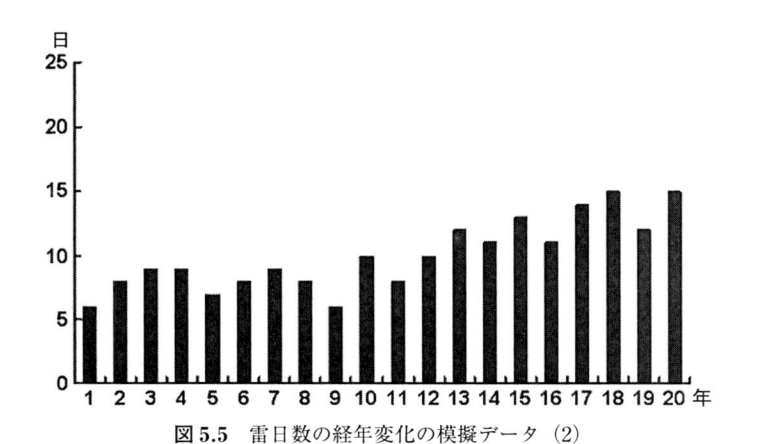

図 5.5　雷日数の経年変化の模擬データ (2)

が小さく，グラフを一見して明らかに増えている様子が見て取れる．検定をやってみると，変化は危険率1%で有意である．この例に限らず，データを一目見て変化傾向を読み取れるときは，統計的検定をすると有意であるという結果になることが多い[7]．逆もだいたい真であり，一見して変化傾向が読み取れないときは，たいてい統計的にも有意ではない．人間の直感というのは，結構よく当たるようである．

なお，図5.4のようなデータでも，やり方次第で変化の有意性を示せる可能性がある．例えば，近くにある別の地点と比べたらどうだろうか？ あるいは，雷が起きやすそうな気象条件の日を選び出し，それらの日を対象にした統計をしてみてはどうだろう？ このように，あれこれ工夫しながら気候変動のシグナルを捉えていくのが，データ解析のおもしろさである．

以上は，統計学の教科書に書いてあることをなぞった話であるが，気候の解析では，統計理論から外れたところにいろいろな落とし穴がある．統計的には有意な変化であっても，結果の解釈に当たって注意しないと，間違った結論を出してしまう．その1つは，因果関係についての錯誤である．例えば，日本ではここ数十年間に少子化が進み，同時に温暖化・高温化が進んでいるため，年ごとの出生率と気温の間に有意な相関があるかもしれない[8]．しかしこれは，別々の変化が同じ時期に起きたにすぎず，少子化が温暖化の原因だ（またはその逆）と言うのは明らかにナンセンスである．あるいは，都市は交通信号機が多いので，まわりに信号機が多い地点ほど気温の上昇率が大きいという関係があるかもしれないが，それは信号機自体が気温上昇の原因であることを意味するものではない．これらは自明な話だが，出生率ではなくエアコン普及率だったり，信号機の代わりに高層ビルの数だったりしたら，上のような早合点をする可能性がないと言えるだろうか？

もう少し微妙な問題の例を，気象要素の週変化を題材にして実際のデータから2つ挙げてみよう．表5.1の上段は，8月の東京で1mm以上の降水があった日数を，曜日別に集計したものである．これを見ると，火曜日の降水頻度は1週間の平均に比べて約33%高い．日々の降水の変動がランダムだと仮定すると，火曜日の降水頻度が他の曜日の平均値からこれほど外れる確率は0.5%にすぎない．言い換えると，火曜日の多雨傾向は危険率1%で有意である．火曜日

表 5.1 東京で 1 mm 以上の降水があった日数比率（％）を曜日別に集計したもの

	日	月	火	水	木	金	土	平均
8月	24.3	23.5	**34.1**	21.8	20.7	24.9	30.4	25.7
7月	31.0	34.1	26.7	30.9	34.9	34.1	37.8	32.8

1961〜2010 年のデータによる．

は産業活動が活発であるため，雨が多いのだろう‥‥．だが，本当にそう言っていいだろうか？

　要注意なのは，「火曜日の降水頻度が高い」ことが事前に予想された仮説ではなく，データを見てからそのような結論を導き出している点である．これは「後出しジャンケン」の論法であり，このような論理を使えばずいぶん恣意的な結論を導くことができる．世に「雨男」，「雨女」という言葉があるが，上の論法を使えば誰かが雨男であることを統計的に実証できるかもしれない．第 2 章のコラム 4 で取り上げた特異日にも同様のことが言える．表 5.1 の場合，「8 月の東京では火曜日に雨が多い」と本気で言いたければ，独立資料による検証が欠かせない．具体的に言うと，別の期間はどうか，あるいは他の月にも同様の傾向があるのかなどを確かめることが必要である．そこで，7 月のデータを調べてみると，表 5.1 の下段のようになり，火曜日に降水が多い傾向はない．火曜日の多降水が 8 月にだけ起きる合理的な理由がない限り，これに気候学的な意味を見出すのは難しいだろう．

　気象の週変化を扱うときは，春や秋を中心として天気が数日ごとに変わり，時として 1 週間という周期性が現れることにも注意する必要がある．週末ごと

表 5.2 大阪で 1 週間の気温最高値が現れた回数を曜日ごとに集計したもの

日	月	火	水	木	金	土
467	346	331	325	307	381	450
水	木	金	土	日	月	火
436	387	317	327	330	348	462

1961〜2010 年のデータによる．上段は日曜日から土曜日までを 1 週間とした場合，下段は水曜日から火曜日までを 1 週間とした場合．

に雨が降ることを，ときどき経験するだろう．これは自然の変動に他ならないのだが，長期間のデータにこうした自然変動が残っていると，それを人間活動の影響のように見誤ってしまう［95］．図4.3では，この種の問題を避けるために都市の気温から周囲の地点の気温を引き，その差を使って解析を行っている．

2つ目の例は，大阪を対象にして，日曜日から土曜日までの1週間のうち最も高い気温が観測された曜日を集計したものである（表5.2の上段）．明らかに，日曜日と土曜日の頻度が他の曜日よりも高い．

日曜日や土曜日に高温が現れやすいのはなぜだろう？　土日は大気汚染が平日ほどひどくなくて，日射が強いからだろうか？　そうではなく，これもまた統計のマジックである．

実は，1週間をどの曜日から始めても，週間の気温最高値は週の両端の日に現れやすい（最低値も同じ）．例えば，表5.2の下段は水曜日から次の火曜日までを1週間とし，その中で最も高い気温が現れた曜日を集計したものである．すると，水曜日と火曜日の頻度が高くなる．なぜそうなるかと言うと，日々の気温変動に継続性があるからだ．ある日が暖かければ，その前後の日も暖かいことが多い．そのような高温期が2つの週にまたがって現れると，1週目の末日がその週の最高温日になるとともに，2週目のはじめの日がその週の最高温日になる場合がある．このようにして，週の端の日は週間の最高温日になる機会が多い．表5.2は，これが統計結果となって現れたものである．

コラム10 ◆ 気候変動のランダム性と異常気象

気候の変動がことさら「異常」っぽく感じられる理由の1つに，「偶然性」，「ランダム性」についての直感と真理のずれがあるかもしれない．「気候変動がランダムである（かどうかは，おおいに議論の余地があるが，仮にそうだとして）」と聞いて私たちはどのようなイメージを持つだろうか．

図5.6は正方形の中に，それぞれ100個の点を配置したものである．このうち，どちらがランダムだろう？　左図は，点が左へ偏っているよう

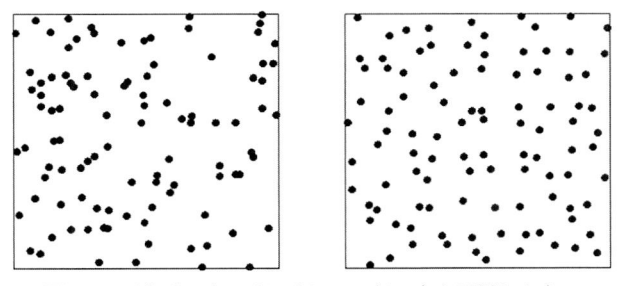

図 5.6 正方形の中にそれぞれ 100 個の点を配置したもの

だし（実際，100 個のうち 58 個は左半分にある），点が集まったところや線状に並んだところ，空いた場所などがあり，ランダムではない感じがする．一方，右の図は点がわりにまんべんなく散らばっていて，ランダムそうに見える．しかし，実は左のほうがランダムなのである．これは，各点の x 座標と y 座標にそれぞれ一様乱数を与えて作った図の 1 つである．これに対して右図は，縦横をそれぞれ 10 等分して 100 個のマスを作り，各マスに 1 つずつ点が入るように作ったものである．

私たちは「ランダム」という言葉に対し，右図のような「偏りの小さい状態」をイメージしがちである．しかし，偏りがないことは，一様化という作用が働いた結果であり，文字どおりの「でたらめ」とは違う．気候変動がランダム性を持つということは，ある現象が続いたり長い間なかったりという，予測できない起こり方をすることを意味する．私たちはランダム現象の予測不可能性に不安を感じ，「異常」と受けとめてしまうのではないだろうか．

注

1) ゾンデによる気温観測の問題点としては，日射が当たることによる高温バイアスや，温度変化に対する応答の遅れなどがある．ゾンデの種類によってこれらの特性が違うため，長期間のデータに見かけ上の変化が現れる可能性がある [6]．
2) 日本では，北日本（北海道・東北）の昇温率が 100 年当たり 0.11℃ であるのに対して，東日本（関東・中部と三重県）は 0.12℃，西日本（近畿〜九州）

3) 近藤純正氏（東北大学名誉教授）は，国内34地点の気温データについて独自に都市バイアスの補正を試み，1881～2007年の全国平均の昇温率を100年当たり0.67℃と見積もった [33]．また，筑波山頂の1902～2009年の昇温率は100年当たり0.9℃，その他4つの山を含む5つの山岳観測所を平均した1945～2001年の昇温率は100年当たり0.8℃と算定されており [46, 52]，それぞれ本文で述べた17地点のデータから求められる値よりも小さい．一方，数値シミュレーションや海面水温のデータに基づき，上記17地点のデータにはほとんど都市バイアスがないとする見解もある [78]．
4) ただし，図4.2は晴れた日のデータであり，曇や雨の日を入れれば緑地内外の気温差の平均値はこれより小さくなるかもしれない．
5) 1939年までは最高・最低気温ともに日界を22時とする地点が多かった．最高気温については，日界が24時でも22時でもほとんど差がないが，最低気温については，22時を日界とする長期平均値は24時を日界とするものよりも0.1～0.2℃高い [60]．
6) 「雷日数は増えていない」ではないことに注意してほしい．統計的に有意でないとは，増加の可能性を否定するものではなく，「増えていると断定するだけの根拠がない」と言うにすぎない．
7) ただし，データが互いに独立である（各データが，他のデータの影響を受けていない）ことが前提である．例えば図4.9の場合，細い線で描かれた年ごとのデータは独立だと考えられるが，太線で示された平滑値はだめである．なぜなら，平滑化をしたことによって，ある年の値とその前後の年の値とが独立ではなくなってしまったからである．
8) 実際，1961～2010年の50年間の資料によると，年平均気温の全国平均値と出生率（合計特殊出生率）の間に－0.64の負相関がある．

は0.13℃であり，西日本の昇温率がやや大きい．沿岸の海面水温も北日本近海より西日本近海の昇温率のほうが大きいことから，気候変動の地域差が現れていると考えてよさそうである．

6

夏の局地風と広域ヒートアイランド

　梅雨が明けると太平洋高気圧が本州一帯を覆う「夏型」の気圧配置になり，関東から西の地域では晴れた日が続く．気温は連日30℃を超え，時として35℃以上の猛暑になる．

　猛暑については次章で扱うことにし，本章ではまず，夏の晴れた日に発達する海風，谷風などの局地風を取り上げ，その性質や気温分布との関連について概観する．続いて，ヒートアイランドが作り出す局地風に触れ，夏の午後に大都市圏に現れる「広域ヒートアイランド」について述べる．

◇◇◆ 6.1　海風と陸風 ◆◇◇

　高気圧にゆったりと覆われて晴れた日には，各地で海陸風や山谷風などの局地風が起こる．海陸風とは，昼間に海から陸へ吹く海風と，夜に陸から海へ吹く陸風である．山谷風は，山地の周辺で昼間は平地から山へ向かって谷風が吹き，夜は山を吹き下りる山風が吹くものである．

　海風や陸風を吹かせるもとになるのは，陸と海の温度差である．海は日射が水中まで届くため，これによる加熱は陸面に比べてはるかに深いところ（大まかに言って深さ10 mのオーダー）まで分散し，水温の変化は小さい［9］．また，海水の混合も熱を分散させる役目をする．そのため，海面水温はほとんど昼夜の差がなく，したがって海上の気温の日変化もごく小さい．この結果，昼間は陸上のほうが海上よりも気温が高く，この気温差がもとになって海から陸へ向かって海風が吹く．夜は陸地が冷えて海陸の気温分布が反対になり，陸か

ら海へ向かって陸風が吹く．

海風は理論上は海岸線のところで吹き始め，だんだん陸側と海側へその範囲を広げていく．図6.1は相模湾沿岸に現れた比較的初期の海風の立体構造を，パイロットバルーン[1]などの観測データを使って解析した結果である（上昇・下降気流は，水平風の分布とつじつまが合うように計算して求めたものである）[84]．また，図6.2はまっすぐな海岸線をはさんで海と陸が接している場所を想定し，13時の気流を数値気象モデルで計算したものである[111]．観測・計算結果とも，海風は数百mの厚さがあり，陸上に上昇気流を伴い，上空には反対向きの風（反流あるいは補償流），海上には下降気流があって，全体として閉じた循環（海風循環）をなしている．よく見ると，海風の厚さ（矢印が右向きの部分）は海上では500mぐらいであるのに対し，陸上では1000mに達し，循環は陸地側で盛り上がった形をしている．これは，海風のうち陸上の部分が混合層によって上空まで拡散された結果であろう．

海風を吹かせる力の源は，陸上の気温上昇に伴う気圧の変化である．図6.3は海上と陸上の気温の高度分布を模式的に描いたものである．昼間の場合（図6.3(a)），影をつけたところは陸上のほうが暖かく，したがって空気が軽い（密

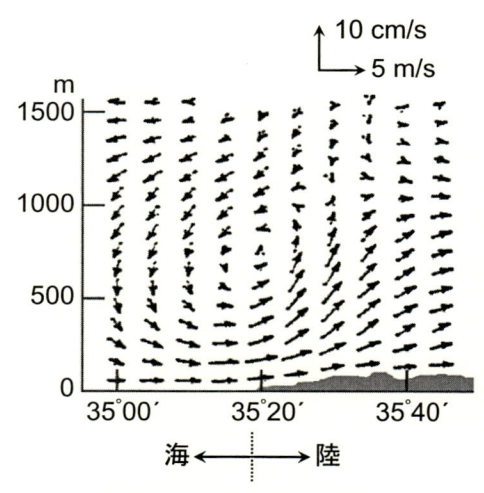

図 6.1 相模湾沿岸の海風循環の観測結果 [84]
1981年8月10日13時の茅ヶ崎付近を通る南北断面を示す．

6.1 海風と陸風

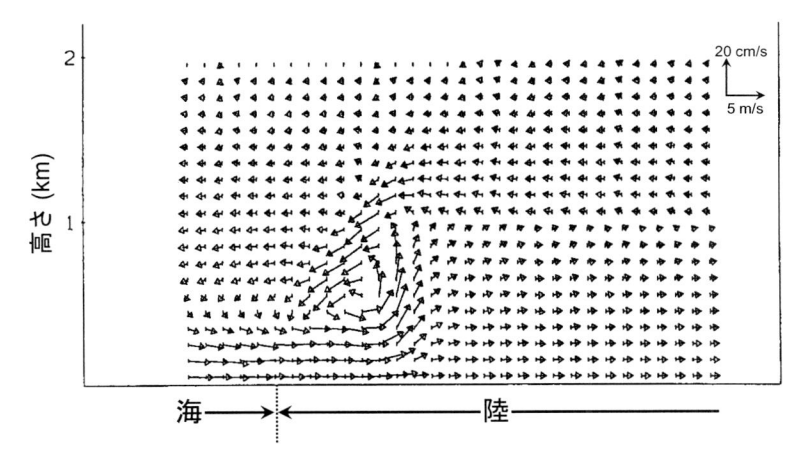

図 6.2 まっすぐな海岸線に起きる海風を数値気象モデルで計算したもの
陸地の表面温度を振幅 10℃,周期 24 時間の三角関数(ピークは 12 時)で時間変化させたときの 13 時の状態.Yoshikado [111] の Fig. 13 による.

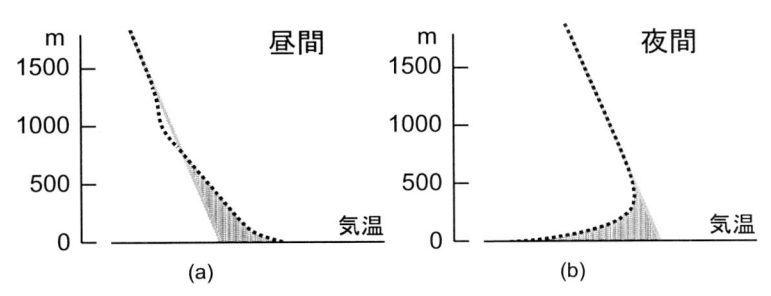

図 6.3 海上(灰色の実線)と陸上(黒の点線)の気温の高度分布
陰影部分は海陸の温度差を表す.

度が小さい)部分である.陸上の気圧は陰の部分の空気が軽い分,海上よりも低い[2].そのため,海上から陸上へ風を吹かせようとする力(気圧傾度力)ができ,海から陸へ向かう風が駆動される.

ただ,図 6.1 のようなきれいな海風循環が現れることはそう多くはない.というのは,高気圧や低気圧によって地域一帯を吹く風(一般風)が程度の差はあれ存在するからである.海風は一般風と重なった形で起き,一般風次第でその構造が変わる.図 6.1 の観測が行われた日は弱い北寄り(図 6.1 の左向き)の

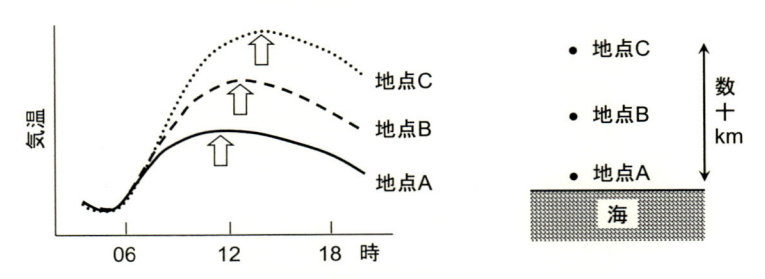

図6.4 海風が発達する日の沿岸部の気温変化
左図の上向き矢印は最高気温の起時を示す．海岸に近い地点ほど，早く海風の影響を受けて気温の上昇が抑えられる．

一般風があり，そのため上空の反流が少し強めになっているのだが，このような閉じた海風循環を捉えることができたのはかなり運のいい例である．また，日本は海岸近くまで山が迫っているところが多く，それらの場所では海風と谷風が重なって起きる．このことと，一般風の影響が相まって，海風は多様な構造を持つ[3]．

海風は海上の涼しい空気を運んでくるため，海風の発達とともに沿岸部の気温はそれ以上は上がらなくなる．このように，海風は沿岸部の夏の暑さを和らげる役割をする．海風の範囲が広がるにつれ，沿岸の地点から内陸へ向かって順に気温の上昇が止まる[4]．そのため，最高気温は内陸ほど高く，かつ遅い時刻に出る傾向がある（図6.4）．

陸風は，基本的には海風と同じ構造であり，陸風循環は海風循環を裏返した形をしている．しかし，陸風は海風に比べて層が薄く，弱い傾向がある．その理由の1つとして，冷えて重くなった空気が陸上を覆っているため，上下方向の運動が起こりにくく，したがって陸風循環が弱いことが挙げられる[5]．特に，夏は海面水温が相対的に低いため，陸風は非常に弱い．一方，冬は海面水温が相対的に高いため，陸風は現れやすい．

◇◆◇ 6.2 山谷風と広域海風 ◆◇◆

山谷風は海陸風よりもやや複雑である．まず，昼間の地面の加熱によって斜面上の空気が暖まり，これを昇る流れが生じて，谷間から尾根へ向かう風が吹

く．これが第1の谷風である．また，これを補う形で谷の中に下降気流ができ（図6.5(a)），その下降気流に伴う断熱昇温によって谷の中が暖まる．昼間だから平野も谷も暖まるのだが，「谷の中の暖まり方がより著しい」ということである．そのため，平野と谷の中の間に気圧差ができ，平野から谷に向かって風が吹く（図6.5(b)）．これが第2の谷風であり，第1の谷風よりも規模が大きい．第2の谷風循環は，夕方になって第1の谷風循環が衰えた後もしばらく続く（図6.5(c)）．

　春・夏の晴れた日，昼間から夕方にかけて，中部山岳の上に小さい低気圧が現れる．これは「熱的低気圧」とか「地形性低気圧」と言われるが，その実体は先の話に出てくる「谷の中の気圧低下」に他ならない．谷だけでなく，平野の内陸部の山麓でも気圧が下がる．しかし，山頂や尾根ではこうした気圧変化はほとんどない［103］[6)]．平野や盆地の観測点の気圧データを使って等圧線を引くと，内陸の山岳地帯を1つの低気圧が覆っているように見えるが，それは実は，個々の盆地内や山麓の中の気圧低下状態が寄り集まったものにすぎな

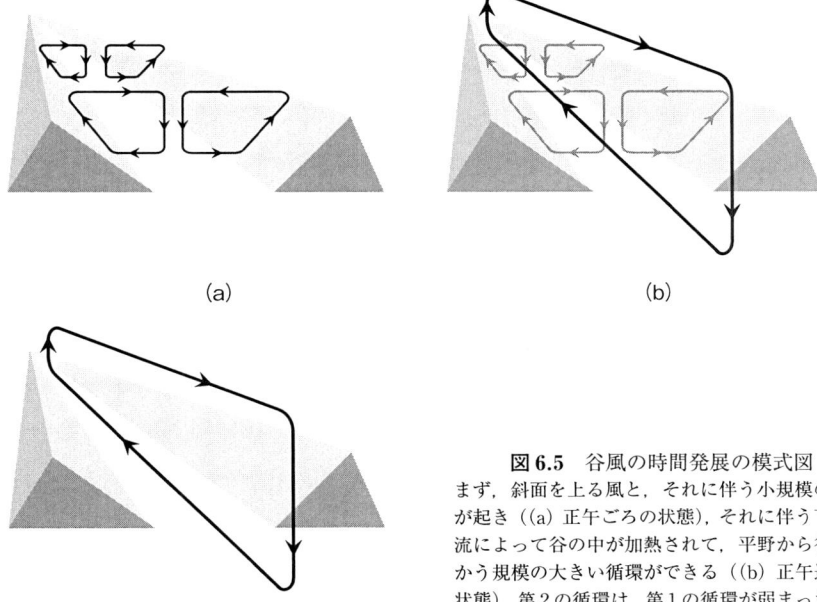

図6.5 谷風の時間発展の模式図
まず，斜面を上る風と，それに伴う小規模の循環が起き（(a) 正午ごろの状態），それに伴う下降気流によって谷の中が加熱されて，平野から谷に向かう規模の大きい循環ができる（(b) 正午過ぎの状態）．第2の循環は，第1の循環が弱まった後もしばらく続く（(c) 夕方近くの状態）．

い[7]．最近の天気図解析では熱的低気圧を表現しなくなったという話を聞くが，これはこれで1つの見識であろう．

では，実際の風の変化はどうなっているだろうか．図6.6は，1970年代に河村 武氏（気象庁，後に筑波大学教授）が暖候期の高気圧に覆われた日を対象にして，関東平野の風の時間変化をとりまとめたものである［13］．このころはまだアメダスがなく，局地風の実態に関するデータは乏しかった．河村氏は，各自治体が大気汚染の監視のために運用していた観測データを丹念に地図上へ描き込んで解析を進め，風が地域ごとに組織立った変化をしていることを確かめた．

図6.6を見ると，午前中から正午ごろにかけては沿岸部で海風が，山沿いでは谷風が，それぞれの場所の地形に応答する形で吹いていることが読み取れる．しかし，時間がたつにつれて海風や谷風が融合していき，午後になると全体に南寄りの風になる．このうち内陸部の変化は図6.5の（a）から（c）に至る過

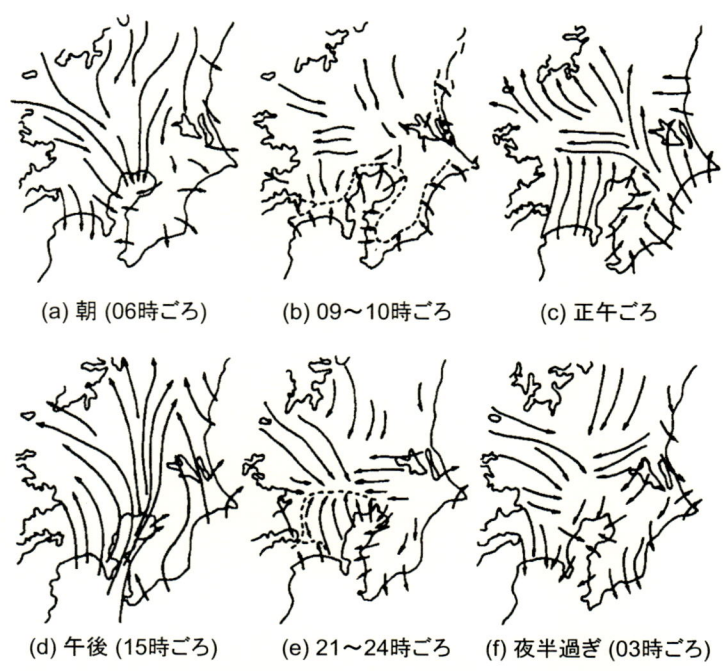

(a) 朝 (06時ごろ)　　(b) 09〜10時ごろ　　(c) 正午ごろ

(d) 午後 (15時ごろ)　　(e) 21〜24時ごろ　　(f) 夜半過ぎ (03時ごろ)

図6.6 暖候期の高気圧に覆われた日に，関東平野に起きる風の日変化 ［13］

程に似ているが，関東では海風も加わる形で平野全体を一続きの南風が吹きわたるのが特徴である．この南風は「広域海風」と呼ばれる．関東と地形の似た濃尾平野でも，図6.6と同じような経過をたどって広域海風が現れる [98]．

　広域海風は，大気汚染物質の輸送に大きな役割を果たす．1970年代に社会問題となった光化学スモッグは，オゾンなど光化学オキシダントによるもので，主として夏の日中に窒素酸化物や炭化水素が太陽の紫外線を受けて光化学反応を起こしてできる．これらの汚染物質は広域海風によって内陸へ運ばれるため，光化学スモッグは沿岸の大都市部よりも内陸部で多く，広域大気汚染と呼ばれる．図6.7は，高気圧に覆われた日の窒素酸化物（NO_x）とオゾンの高濃度域を，2時間ごとに追跡したものである [30]．午前中は風が弱く，NO_xの高濃度域は東京付近にとどまっているが，日中に南風が強まるにつれてオゾンに変わりながら内陸へ移り，夕方には群馬県，さらには長野県まで侵入していっている．もっとも，今では地球規模の環境変化や国外の発生源による越境汚染への関心が高まり，都市圏の大気汚染問題は半ば忘れられた感がある．実際，東京都の資料によると光化学スモッグによる都内の被害の届け出は，1970年代の末以降はほとんどなくなり（2010年は18人で，1971年の1000分の1以下），関心の低下を表している（図6.8）．しかし，光化学スモッグ注意報の発令日数は1970年代のピーク時の半分以下になったものの，年間10～20日で推移してい

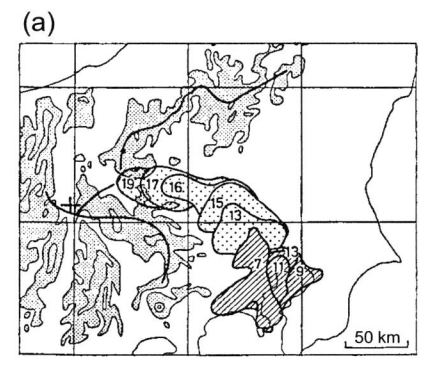

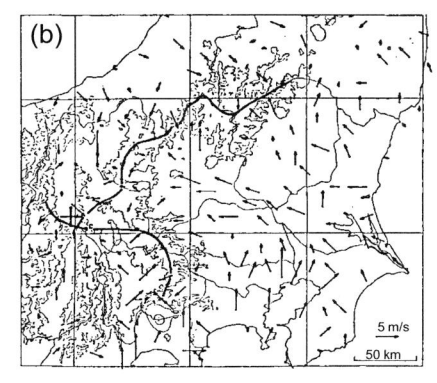

図6.7 関東地方における大気汚染の高濃度域の時間変化（1983年7月29日）[30]
(a) 数字は時刻で，斜線域はNO_xが0.04 ppm以上，点彩域はオキシダントが0.1 ppm以上のところ．(b) 当日15時の地上風．

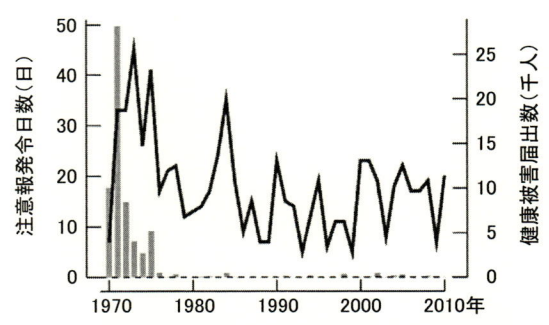

図 6.8 東京都で光化学スモッグ注意報が発令された日数（黒の折れ線）と，被害届け出件数（灰色の棒グラフ）の長期変化

1970〜2010年（ただし1970年は夏の途中からの数値）．東京都環境局の報道発表資料（2010年11月30日，http://www.metro.tokyo.jp/INET/CHOUSA/2010/11/60kbu100.htm）のデータをグラフ化したもの．

る．都市圏の大気汚染は社会問題としては下火になったが，汚染そのものはまだ解決されていないことがわかるだろう．

　山風は谷風を逆向きにしたものだが，夜は気温変化が薄い層内に集中するため，山風は層が薄く（しばしば100mかそれ以下），斜面に沿って這うように吹き下りる性質がある．しかし，山風は陸風と違って比較的強く吹く[8]．沿岸部でも，背後に山が迫っているところでは陸風がはっきりと現れる傾向があるが，これは実は山風によるところが大きい．また，冷えた重い空気が地表を覆った状態は一般風の影響を受けにくいため，山風は日々あるいは時間による風向の変動が小さい．起伏が小さい場所でも，その小さな傾斜に応答して弱い山風が吹く傾向があり，このような小規模の山風は冷気流とも呼ばれる．

　ドイツのシュトゥットガルトで行われている「風の道」は，山風が街の中を吹きやすいように建物や道路の配置を工夫し，大気汚染を和らげようという試みである．これは都市の環境改善に自然の力を利用する優れた試みとして，日本でも高く評価されているが，その成功は層が薄く風向の変動が小さい山風の性質に負うところが大きい．山風の層が薄いからこそ建物がその流れに影響を及ぼし，その風向が定まっているため建物の配置が意味を持つからである．また，シュトゥットガルトが人口60万程度という，それほど規模が大きくない

都市であることも，風の道の有効性を高めていると考えられる．日本の大都市は沿岸にあり，局地風を利用するとすれば海風を使うことになるが，海風は層が厚く，また，一般風の影響を受けて日々風向が異なるため，建物や道路の配置はその吹き方にさほど大きく影響しないだろう．自然の力を環境の改善に役立てることは大事だが，それを有効に行うためにはそれぞれの現象の特性を念頭に置いた工夫が求められる［69］．

◇◇◆ 6.3 ヒートアイランドが作り出す風 ◆◇◇

陸地の加熱が原因になって海風が吹くのと同じように，都市は周囲よりも暖かいため気圧が低く，都心へ向かって収束する風が起きる[9]．この風は都市の上空に上昇気流を伴い，上空では都市から発散する流れがあって[9]，全体として閉じた循環（ヒートアイランド循環）をなす．ただ，昼間の海陸間の気温差に比べると都市と郊外の気温差は小さく，ヒートアイランド循環は海風よりも弱い．

図6.9は，幅25kmの帯状の都市を想定し，そこに生ずる気流を数値気象モデルで計算したものである［111］．都市を中心として対称な形でヒートアイランド循環ができているのがわかる．なお，この計算では都市の地表面温度が郊外よりも2℃高く設定されている．これは昼間にしては大きい値であり，そのためヒートアイランド循環も現実のものより強めに表現されている可能性がある．

ヒートアイランド循環に伴う風を検出する試みは，東京をはじめとするいくつかの都市で行われてきた．それらによると，収束風は昼間に顕在化する傾向がある．都市と郊外の気温差は夜のほうが大きいが，これは強い接地逆転のもとで気温変化がごく下層に集中した結果であって（3.5節参照），気圧の変化はさほど大きくはない．一方，昼間は気温の変化が混合層内すなわち上空数百〜千数百mにまで及ぶため，気圧の変化量はむしろ大きく，ヒートアイランド循環が発達すると考えられている．

海に面した都市では，晴れた日の昼間には海風とヒートアイランド循環が重なって起きる．図6.10は，まっすぐな海岸線から25km以内が帯状に都市化さ

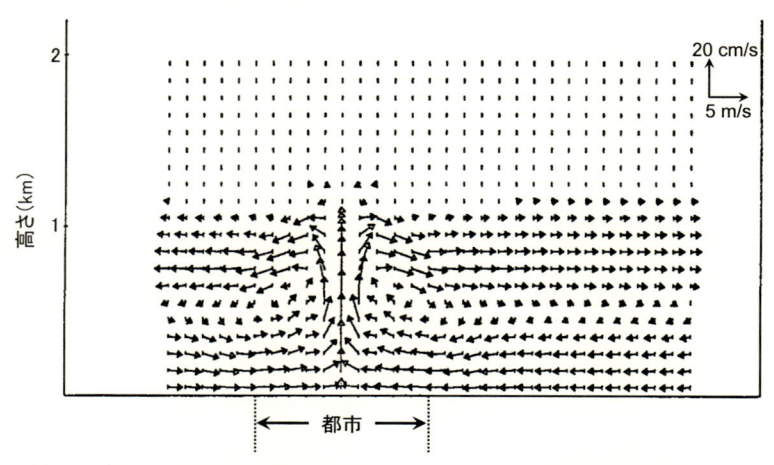

図 6.9 幅25 kmの帯状の都市によるヒートアイランド循環を数値気象モデルで計算したもの

陸地の表面温度を基準値よりも6℃高くし，都市の地表面はそれよりさらに2℃高くしたときの状態．Yoshikado [111] の Fig. 7c による．

れている状態，すなわち図6.2と図6.9の条件を合わせた状態を設定し，ここに生ずる風の変化を数値気象モデルで計算したものである [111]．都市域の内陸寄りのところに強い上昇気流があり，それは図6.2と図6.9の上昇気流を足したものよりも強い．このことは，海風とヒートアイランドが結びつくことによって，それぞれが単独に起きるときよりも上昇気流が強められることを示している．

4.1節で示したように，都市の緑地はクールアイランドになる．夜間，緑地から外へ向かって吹く微弱な（数十 cm/s 程度）風が観測されることがある [53]．前に述べたことに従えば，緑地からの発散風は昼間に強まるはずであるが，これまでの観測例はもっぱら夜である．昼間は混合層が発達するため上空の一般風や乱流の影響を受けやすく，発散風があってもかき消されてしまうことが考えられよう．

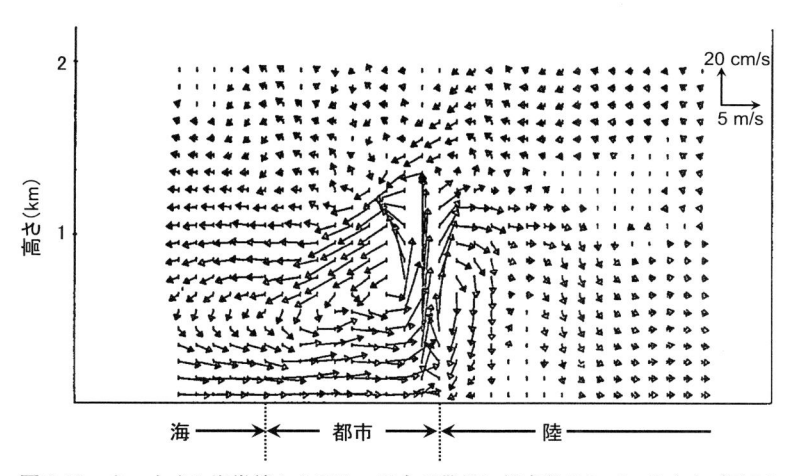

図 6.10 まっすぐな海岸線から 25 km 以内が帯状に都市化されているとき（図 6.2 と図 6.9 の条件を合わせたもの）の風を数値気象モデルで計算したもの

陸地の表面温度を振幅 10℃，周期 24 時間の三角関数（ピークは 12 時）で時間変化させ，都市の地表面はそれより常時 2℃高くしたときの 13 時の状態．Yoshikado [111] の Fig. 14b による．

◆◇◆ 6.4 大都市圏の広域ヒートアイランド ◆◇◆

　従来の都市気候の研究は，都市と郊外の気温差が大きくなる秋〜冬の夜のヒートアイランドを扱うものが多かった．しかし 1990 年代になると都市生活の快適さの追求という工学的な視点からの研究が盛んになり，また，夏の暑さが厳しくなるとともに社会の関心も高まって，都市気候研究の対象は夏へ移ってきた．同時に，計算技術の進歩に伴い，都市化による気候変化の数値シミュレーションが行われるようになった．これらのシミュレーションの結果，首都圏一帯の広い範囲で春〜夏の午後に都市化の影響による昇温が起きていることがわかってきた．

　数値シミュレーションの利点は，現実とは違う仮想的な状態を与えた計算ができることである．東京湾を埋め立てたら気候はどうなるか，関東平野が全部草地や水田だったらどうか，ということを調べることができる．図 6.11 は，関東平野の現実の土地利用状態や人工排熱を与えた場合（図 6.11(a)）と，全部

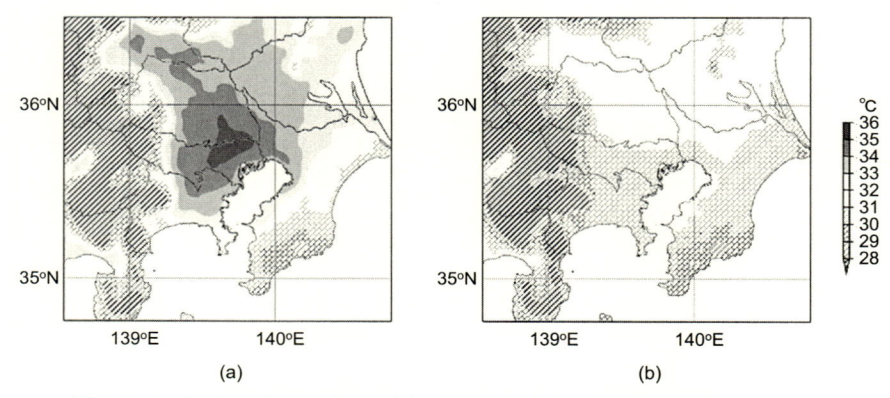

図 6.11 関東平野の気温分布を，(a) 現実の土地利用状態や人工排熱を与えた場合と，(b) 全域を草地にした場合について，数値モデルで計算したもの．8月の14時の状態．気象庁 [20] の図 11a, b による．

を草地にした場合（図6.11(b)）を設定し，8月の典型的な大気状態についてそれぞれ計算を行った結果である [20]．現実版のほうは東京周辺から関東平野の北西部にかけて34℃以上の高温になっているが，草地版では関東平野の全域が32℃以下であり，内陸部の高温は見られない．この計算結果が正しければ，埼玉県から群馬県南部にかけての地域（以下，埼玉～群馬地域）の高温には都市化が大きく関わっていることになる．図6.12は現実版と草地版の気温差をとったもので，都市があることによる正味の昇温量を表す．図6.12を見ると，茨城・栃木・群馬県の一部を含む広い範囲で1.5℃以上気温が高くなっている．

ヒートアイランドのもともとのイメージは，1つ1つの都市の上に個別にできる高温域であった．しかし図6.12に表された昇温域は，個々の都市の範囲をはるかに超え，関東平野の大半を覆っている．以下，これを「広域ヒートアイランド」と呼ぶことにしよう．

広域ヒートアイランドはなぜできるのだろう？　熱源の点から言えば，3.4節で触れたように広範囲の市街化による蒸発抑制効果が大きい．広域性をもたらすもう1つの要素は，昼間の混合層の形成（3.3節参照）である．市街地の余剰熱は，活発な対流や乱流により混合層の中へ拡散される．この余剰熱は風に乗って運ばれ，広域に高温をもたらすことになる．

　当然ながら，余剰熱が混合層内に拡散し，広域に分散すれば，それだけ希釈

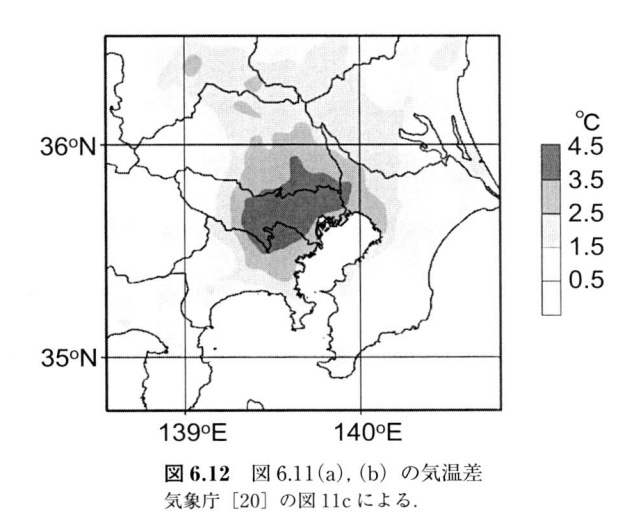

図 6.12 図 6.11(a), (b) の気温差
気象庁 [20] の図 11c による.

されて気温変化量は小さくなる．にもかかわらず1℃以上の昇温が起こるのは，それほど大量の余剰熱が首都圏全体で生じているからである．具体的には，蒸発抑制効果による昼間の Q_H の増加量は1 m² 当たり 100 ワットを超えると見込まれる．この大量の熱で混合層全体が暖まる結果，地上の気圧が下がり，風の収束が起きる．一般風がないときには，広域ヒートアイランドによって東京よりも少し内陸側に収束線ができ，それよりも海側は南風，北側は弱い東風という状態になる [100]．

以上は数値シミュレーションの結果であるが，実際のデータから見た気温変化はどうだろうか．図 6.13 は，やや古いが関東地方の 7，8 月の最高気温について，戦後30 年間の変化率を示したものである [83]．全国規模の変動を除くため，筑波山頂の気温からの差をとった上で統計を行っている．沿岸の地点ではやや低温化の傾向があるのに対し，東京の周辺から埼玉～群馬地域にかけては1℃ぐらい気温が上がっており，シミュレーションの結果と似た変化が実際に起きていることがうかがえる．午後に平野部の気圧が下がり，風の収束が増す傾向も，長期的なデータの解析によって検出されている [80]．

ただ，広域ヒートアイランドと広域海風の関係については，まだ研究が十分ではない．夏の午後に広域海風による南風～南東風が吹くことから，これが沿

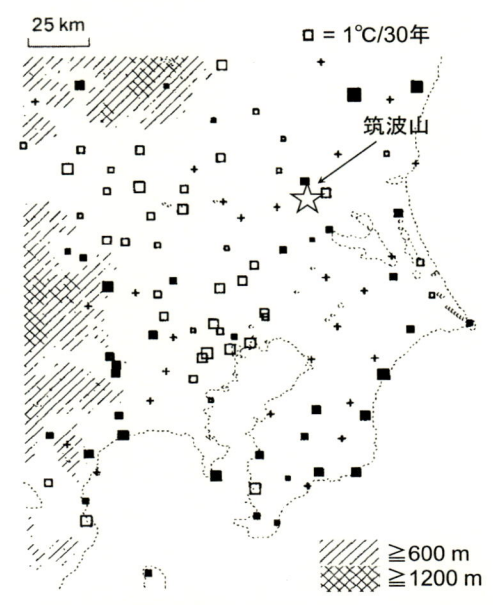

図 6.13 最高気温の経年変化率の分布（1946～1976 年の 7, 8 月）
最高気温は筑波山の値からの差を使っている．□は上昇，■は低下（それぞれ，□や■の大きさが変化率に比例），＋は変化率 0.2℃/30 年未満の地点を示す．斜線部は山岳．

岸の大都市部の余剰熱を内陸へ運んでいく，すなわち埼玉～群馬地域が「熱の吹きだまり」になるという考え方がある[10]．この見方はたしかに一理ある．しかし一方，埼玉～群馬地域にも人口 10 万規模の都市がいくつかあり，それなりに都市化が進んでいる．これらの地域自身の都市化による熱収支の変化が，高温化をもたらしているのかもしれない．きちんとした研究を通じて各要因の寄与を評価していくことがこれからの課題である．

◆◆ 注 ◆◆

1) 上空の風を測る簡便な方法として，気球を上げてそれが昇っていくのを望遠鏡（測風経緯儀）で追うやり方が使われた（今でも時たま使われる）．パイロットバルーンはその気球のことで，パイボールあるいはパイバルとも言う．
2) この説明のとおりだと，空気が暖まった分だけ質量が減ってしまうことになり，質量保存の法則に反する．より正しくは，次のように考える必要がある．

①陸上の空気が加熱され，密度が小さくなって膨張し，そのため上空の空気が持ち上がる，②持ち上がった上空の空気は，海側へ流出（発散）する，③この流出の分，陸上の空気の荷重は減少するので，気圧が低くなる．しかし，局地的な温度変化に対する大気下層の応答においては①〜③の変化が短時間に起きるため，途中の過程を省略し，あたかも空気の質量が温度変化とともに増減するように扱ってもいいことがわかっている．

3) 本章で言う「海風」とは，図 6.1 や図 6.2 に描かれたような「陸地の加熱によって駆動される局地循環に伴う風」である．しかし，日常語としては，「（原因を問わず）海から吹いてくる風」を「海風」と言うことがあるので，混乱しないでほしい．

4) 海風が陸上へ吹き込んでいくとき，その先端の部分が風速の急増と気温の低下を伴う「海風前線」をなすことがある．海風前線は強い上昇気流を伴い，ここにしばしば積雲が発生する．しかし，海風前線がはっきり現れない日も少なくない．

5) 陸風が海風よりも弱い理由はほかにもあれこれ考えられるが，本当に突き詰めた分析はなく，いくつかの解説書を見ても説明にばらつきがある．単純な理論からすると，本文に書いたように強い安定度による上下運動の抑制が考えられるのだが，これをそのまま現実に当てはめていいのかわからない．

6) ただし，大気にも海の潮の満ち引きに似た「大気潮汐」が存在し，これによって 1 hPa のオーダーの気圧変化が起きる．これは海陸や平地・山地を問わず広い範囲に現れる．

7) 高さ数百〜千数百 m 上空でも，夏の午後の中部山岳地域は周囲に比べて気圧がやや低い [103]．その意味で，中部山岳地域全体を覆う熱的低気圧はまったく実体がないものではない．

8) 海風や陸風を吹かせる力（気圧傾度力）は，海上と陸上の気温差を高さ方向に積算したもの（図 6.3 の陰影部分）に比例する．夜の気温変化は地上付近の薄い層内に限られるため，地上の冷え込みは強くても陸風を吹かせる気圧傾度力は弱い．一方，山風を吹かせる力は気温変化量そのものに比例する [84]．そのため，冷却層が薄くても気圧傾度力は大きく，山風は比較的明瞭に現れる．

9) 空気がまわりから集まってくる状態や，流入量が流出量を上回る状態を「収束」（厳密には水平収束）と言う．地上風の収束は上昇気流を伴う．逆の状態を「発散」（水平発散）と言い，地上風の発散は下降気流を伴う．

10) 図 6.4 や図 6.11 に見られるように，夏の午後はたいてい，沿岸部よりも内陸部のほうが気温が高い．だから，沿岸の都市の熱が内陸へ運ばれるというのはおかしい（熱の流れの向きが逆ではないか）という疑問があるかもしれな

い．しかし，昼間は都市・郊外を問わず地面からの加熱があり，海風は絶えずその加熱を受けながら内陸へ吹き進んでいくことを忘れないでほしい．海風が吹き込んでいく途中に都市があれば，そこで多量の熱を受け取り，その後も少しずつ地面から加熱を受けながら内陸へ入っていく．したがって，沿岸都市の余剰熱が内陸へ運ばれることと，沿岸よりも内陸のほうが高温であることとは矛盾しない．

7

猛暑の実態とその長期変化

これまでの章で，地球温暖化，都市のヒートアイランド，そして盛夏の局地気象について見てきた．すでに本書の半ばを過ぎ，いろいろ寄り道もしたが，本章ではこの本の主課題の1つである猛暑を取り上げ，高温の原因とされるフェーン現象の実態や，猛暑とヒートアイランドの関係について論じる．

◇◇◆ 7.1 日本の高温の記録 ◆◇◇

2007年8月16日，熊谷（埼玉県）と多治見（岐阜県）で40.9℃という気温が観測された[10]．これは1933年7月25日に山形で観測された40.8℃を上回り，国内の最高記録になった．

1994〜2011年の気象官署とアメダスのデータによると，40℃以上の気温は27回観測されている（図7.1）．これ以前に日本で40℃以上の気温が記録されたのは，上記の山形のほか，愛媛県の宇和島（40.2℃，1927年7月22日）と山形県の酒田（40.1℃，1978年8月3日）だけである．高温の記録が増える傾向は世界的に見られ，その理由の一端は地球温暖化にある可能性が高い（表2.1参照）．ただし，日本で1994年以降に40℃以上の記録が増えたことには，この年からアメダスの10分ごとのデータが入手できるという事情も関わっているかもしれない[1]．

昔に比べて最近は本当に極端な高温が現れやすくなったのだろうか．表7.1は，主な都市の最高気温の1位記録を明治期と平成期で比べたものである．最高気温の記録はほとんどの地点で平成期のほうが高い．東京，大阪，名古屋な

図 7.1 の地点と気温値：

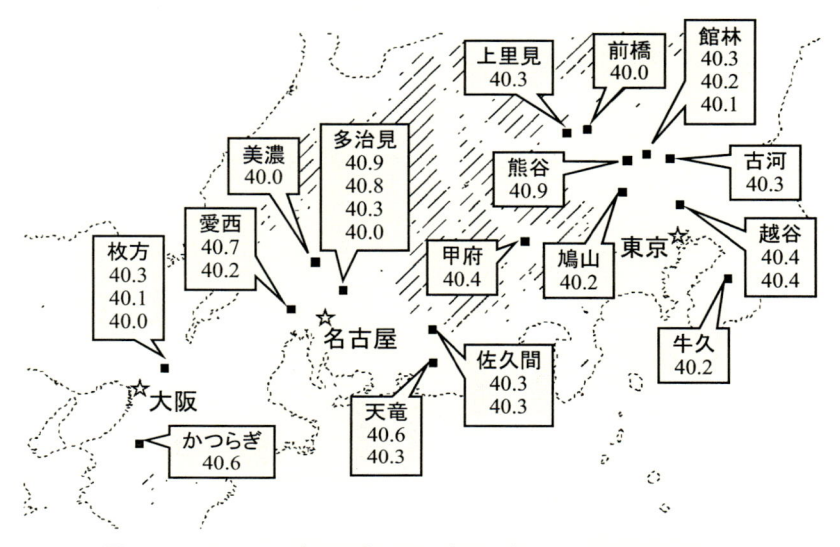

- 上里見 40.3
- 前橋 40.0
- 館林 40.3 / 40.2 / 40.1
- 美濃 40.0
- 多治見 40.9 / 40.8 / 40.3 / 40.0
- 熊谷 40.9
- 古河 40.3
- 愛西 40.7 / 40.2
- 甲府 40.4
- 鳩山 40.2
- 越谷 40.4 / 40.4
- 枚方 40.3 / 40.1 / 40.0
- ☆ 名古屋
- ☆ 東京
- 牛久 40.2
- ☆ 大阪
- 佐久間 40.3 / 40.3
- かつらぎ 40.6
- 天竜 40.6 / 40.3

図 7.1 1994〜2011 年に 40℃ 以上の気温が観測された地点とその値
気象官署, およびアメダスの 10 分ごとの観測値による. 上記期間中, 表示した地域外では 40℃ 以上の気温は観測されていない. 斜線部は山岳.

表 7.1 明治期と平成期の最高気温記録

	気温の最高記録[1]			統計開始年[2]
	明治期	平成期	全期間	
札幌	34.1 (1883)	**36.2** (1994)		1876
旭川	34.9 (1905)	**36.0** (1989)		1888
石巻	34.8 (1894)	**36.8** (2007)		1887
新潟	**39.1** (1909)	38.2 (1999)		1886
東京	36.6 (1886)	**39.5** (2004)		1875
熊谷	36.6 (1897)	**40.9** (2007)		1897
長野	36.3 (1901, 1904)	**38.7** (1994)		1889
名古屋	36.8 (1909)	39.8 (1994)	39.9 (1942)	1890
京都	37.2 (1909)	**39.8** (1994)		1880
大阪	37.6 (1909)	**39.1** (1994)		1883
広島	37.5 (1886)	**38.7** (1994)		1879
高知	36.4 (1912)	38.3 (2001)	38.4 (1965)	1886
福岡	36.4 (1890)	**37.7** (1994)		1890
鹿児島	36.2 (1893)	36.7 (2002)	37.0 (1942)	1883
名瀬	34.6 (1906)	36.3 (2001)	37.3 (1960)	1896

1) 明治期は統計開始〜1912 年, 平成期は 1989〜2011 年の記録. どちらかの値が全期間 (統計開始〜2011 年) の記録でもある場合はこれを太字で示し, そうでない場合は全期間の記録を別記した.

2) 表示した年の途中から統計が始まる地点もある.

どの場合，明治期の最高値は現在では歴代上位10位にも入っていない．ただし新潟は例外で，1909年8月6日に観測された39.1℃が2011年までの時点でも歴代の最高記録である[2]．

世界の気温の最高記録は，バスラ（イラク，1921年）の58.8℃とされているが，アル・アジジャ（リビア，1922年）の57.7℃を挙げる資料もある[11]．

コラム11 ◆ 区内観測による高温記録

区内観測所では，1923年に徳島県の撫養（今の鳴門市）で記録された42.5℃を筆頭として，1950年までに16カ所で41℃以上の記録が出ている（『気象年鑑』2007年版）．すなわち，2007年の熊谷や多治見の記録を上回る高温が，20世紀の前半にしばしば現れていたことになる．

しかし，これらの記録を真に受けていいかどうかわからない．第2～4章で書いたように，近年は地球温暖化や都市化によって著しい高温が起きやすくなっている．上記の記録が本当なら，温暖化や都市化が進んだ今は，41℃，42℃という高温がもっと頻繁に観測されてもよさそうなものではないだろうか？

5.1節や5.2節で述べたように，気温の観測には測器の設置環境が影響し，環境が悪ければ空間代表性の乏しい，その意味で不正確な値が出る可能性がある．過去の区内観測所の観測環境を確かめるすべはないが，地点によっては温度計（百葉箱）が裸地や建物の直近など不適切な場所に置かれていたことはあり得るし，温度計の精度も万全だったかどうかわからない．このようなことを念頭に置いて，上記の記録の信頼性を見極める必要がある．

2004年7月20日には，東京都が設置した温度計により，足立区江北で42.7℃が観測された．この日は気象庁（大手町）でも歴代最高の39.5℃が観測されており，東京都内が著しい高温になったことは間違いない．ただし，東京都環境科学研究所の資料[3]を見ると，当日は江北だけが周囲に比べて2℃ぐらい高温になっており，42.7℃という値の空間代表性については検討の余地があろう．

◇◇◇ 7.2 猛暑の地域特性 ◇◇◇

日本でいちばん暑い地域はどこだろう？ 図7.2は，少し古いが1994〜2002年の9年間の資料を使って真夏日（最高気温30℃以上）の日数の分布を示したものである［62］．真夏日の日数は関東から西の平野部にわりにまんべんなく分布しているが，多いのは九州であり，南西諸島を除く上位10地点のうち8地点が九州にある．これは，梅雨明けが早く真夏の期間が長いためである．真夏日の日数から見れば，やはり九州，さらには南西諸島が暑いということになる．

しかし，猛暑日（最高気温35℃以上）については様子が違ってくる．地域によるばらつきが大きくなり，九州よりも関東・東海・近畿すなわち3大都市圏の周辺の地点が上位に入る．年間の最高気温に関しては（図7.3），上位10地点はすべて東京と名古屋の周辺，特にその内陸部にある．同様のことは，1994年以降に40℃以上の気温が観測された地点（図7.1）にも当てはまる．このように，3大都市圏の内陸域は極端な高温が起きやすい地域である．

夜の気温はどうだろうか．図7.4は熱帯夜（気温が25℃未満にならない夜）

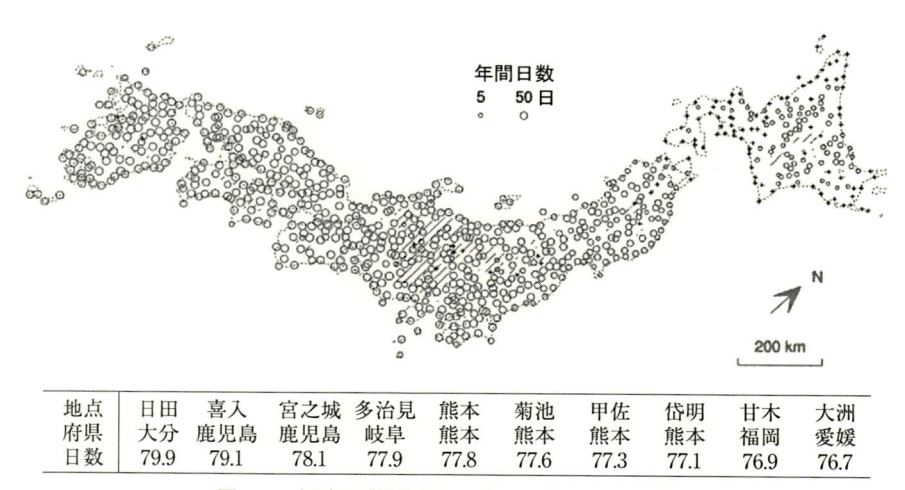

地点	日田	喜入	宮之城	多治見	熊本	菊池	甲佐	岱明	甘木	大洲
府県	大分	鹿児島	鹿児島	岐阜	熊本	熊本	熊本	熊本	福岡	愛媛
日数	79.9	79.1	78.1	77.9	77.8	77.6	77.3	77.1	76.9	76.7

図 7.2 真夏日（最高気温30℃以上）の日数の分布
1994〜2002年の資料による［62］．下部に上位10位までの地点（南西諸島を除く）を示す．斜線部は山岳．

7.2 猛暑の地域特性

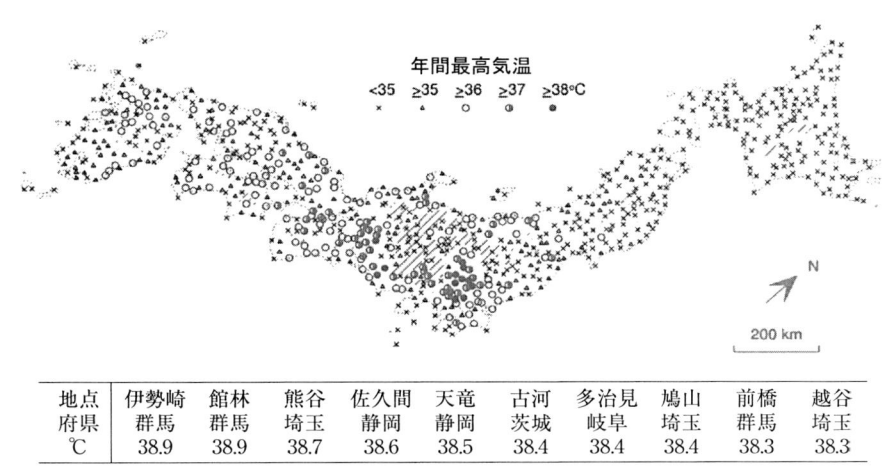

図 7.3 年間最高気温の分布 [62]

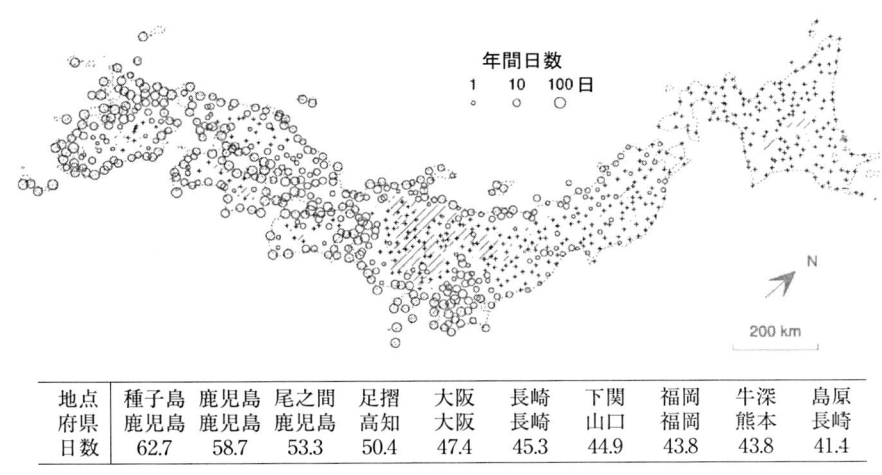

地点	伊勢崎	館林	熊谷	佐久間	天竜	古河	多治見	鳩山	前橋	越谷
府県	群馬	群馬	埼玉	静岡	静岡	茨城	岐阜	埼玉	群馬	埼玉
℃	38.9	38.9	38.7	38.6	38.5	38.4	38.4	38.4	38.3	38.3

図 7.4 熱帯夜（夜間の最低気温 25℃以上）の日数の分布 [62]

地点	種子島	鹿児島	尾之間	足摺	大阪	長崎	下関	福岡	牛深	島原
府県	鹿児島	鹿児島	鹿児島	高知	大阪	長崎	山口	福岡	熊本	長崎
日数	62.7	58.7	53.3	50.4	47.4	45.3	44.9	43.8	43.8	41.4

の回数の分布を示したものである[4]．熱帯夜は沿岸で多く，内陸では少ない．一般に内陸部では，大きい都市を除けば真夏でも20℃台前半まで下がるのが普通であり，熱帯夜になるのは暖かい風が夜通し吹き止まないようなとき，例えば台風が近づいたときに限られる．こうした傾向に加え，鹿児島・大阪・福岡といった大都市の地点が上位に入っている（東京は38.3日で12位）．

都市で熱帯夜が多いのは，ヒートアイランドが夜に顕在化する性質（3.5節参照）で理解することができる．一方，内陸部を中心とする昼間の高温には，いわゆるフェーン現象や広範囲の都市化など，さまざまな要素が関わっている．以下の節では，これらを取り上げる．

◆◇◆ 7.3　フェーン現象をめぐって ◆◇◆

著しい高温が起きると，気象解説やニュースで「フェーン現象」によるものだと説明されることがある．フェーン（Föhn, foehn）とはもともと，アルプス山脈を越えてその北側の谷を吹き下りる南～西寄りの強風であり，高温と乾燥を伴うものである．それが一般化され，山から吹き下りる高温の強風の意味に使われている．また，さらに意味が広がって，風の強弱を問わず山地の風下側に起きる高温を表す言葉として用いられることが多い（本節の後半で取り上げる）．

台風や発達した低気圧が日本海を進むとき，北陸地方など日本海側では山越えの強い南風が吹き，気温が上がる．強風はしばしば夜も吹き止まず，最低気温が30℃以上ということもある．1933年に山形で観測された40.8℃の旧日本記録も，弱い台風が日本海を進み，山形盆地に南西風が吹く状況下で起きたものである．山形測候所の報告はこのようになっている（「気象要覧」第407号）．

「此の日山形は朝来天気晴朗にして（略）前日の高温（最高三十六度七）[5]を承けて朝来昇温次第に著しかりしも，午前十時に於ては未だ前日に及ばず，正午に於て漸く○度三の高温を示したるが風向南西に転ずるや，昇温の傾向更に顕著となり午後三時に至りて乾球四十度六最高四十度八を観測せり．然れ共空気著しく乾燥して湿度は季節外れの過小を示し，湿球の示度は午後三時に於て二十五度六に過ぎざりし関係上軟和風の流行せると相俟つて皮膚面の蒸発旺盛にして流汗を覚えず．かゝる破格の高温（略）は体感のみを以てしては全然想像し難き所なりき．高温必ずしも酷暑を意味せざる一例証として特筆に値するものと認む」

つまり，気温が高いわりにはカラッとしていて，あまり暑さを感じなかった

7.3 フェーン現象をめぐって

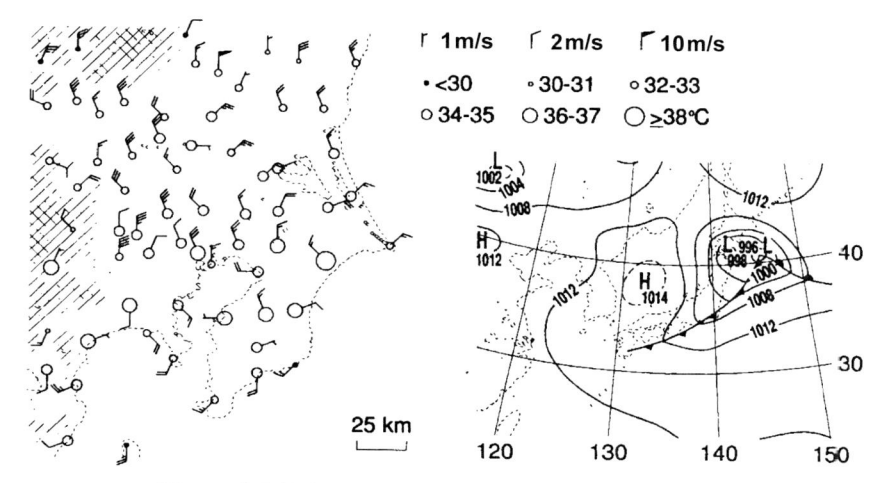

図7.5 東京付近が猛暑になった例（1995年8月28日）[59]
左は当日15時の地上風と気温の分布（斜線部は山岳）で，○の大きさが気温を，矢羽根が風向と風速を表す．右は09時の天気図で，Hは高気圧，Lは低気圧．最高気温は東京で36.3℃，千葉県では38℃を超えた地点もあった．

らしい．15時の湿度は26%，風は西南西3.0 m/s となっている[6]．

　フェーンが起きるのは日本海側だけではない．南西風～西風のときは，中部山岳の風下に当たる関東地方（特に北関東）や，奥羽山脈の風下である東北太平洋側が高温になる．東京の極端な高温は北西風～北風が吹くときに現れることが多く，特に台風や寒冷前線が通った直後の，まだ暖気が残っているときの北風は東京が猛暑になる代表的な条件である（図7.5）[59]．東京で歴代最高の39.5℃を記録した2004年7月20日も，正午過ぎまで北～西の風が吹いていた．また，台風が本州の南にあり，北東風が吹くときには，よく大阪が猛暑になる．これらは，太平洋高気圧に広く覆われた典型的な夏型の気圧配置とは多少なりとも違う状態である．言い換えると，記録的な高温は夏型の気圧配置が崩れかけたときに現れやすい．なお当然ながら，フェーンの発生は真夏に限らない．春や秋にもさまざまな気圧配置のもとで，山の風下に当たる場所に著しい高温が起きることがある．

　フェーンが高温と乾燥をもたらす理由は2つある．図7.6はそれぞれを模式的に書いたものである．1つは「湿ったフェーン」のメカニズムと呼ばれるも

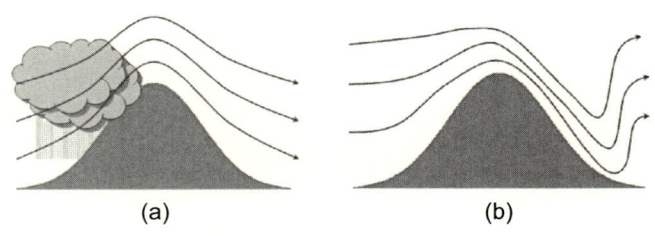

図 7.6 2種類のフェーンの模式図
(a) 湿ったフェーン,(b) 乾いたフェーン.

ので,風が山地を吹き越える際,その風上側に雨や雪が降ることである.3.3節で述べたように,上昇する空気は断熱冷却し,気温が下がる.それにつれて飽和水蒸気量が小さくなり,湿度は上がっていく.飽和水蒸気量が空気中の水蒸気量に等しくなると,湿度は100%になり,さらに断熱冷却が進めば,飽和水蒸気量を超える水蒸気は凝結して雲ができる.この際,凝結熱が空気に加えられる.雲の水分が雨や雪になって落ちた後,空気は山頂を越えてその風下側を断熱昇温しながら吹き下りていくが,山を越える前に比べると,降水によって水蒸気を失い,その凝結熱の分,暖まっている.別の言い方をすれば,湿った空気が山を昇るときは湿潤断熱減率で昇り,下りるときは乾燥断熱減率で下りるため,その差の分,気温が上がる.

フェーンによる高温と乾燥のもう1つの理由は,上空の空気が山を越える風とともに風下斜面を引きずり下ろされることである.この際の断熱昇温によって,風下側の気温は高くなる.また,上空の空気は一般に地上よりも水蒸気が少ないので,風下側では乾燥した状態になる.これは降水が関わらないことから「乾いたフェーン」のメカニズムと呼ばれる.

図7.6からわかるように,湿ったフェーンと乾いたフェーンとでは,山を越える気流の構造が違う.湿ったフェーンは,風上側の空気が麓から山頂まで吹き上がっている.一方,乾いたフェーンは風上側の下層は弱風状態(淀み)になり,その上側の空気が風下側の斜面を急流になって流れ下る.力学的な観点からすると,湿ったフェーンのような流れは大気の安定度が弱いとき,乾いたフェーンの流れは大気が比較的安定なときに起きやすい.この意味で,湿ったフェーンと乾いたフェーンとは,起こる条件が別である.ただ,これは理屈の

上での話であり，現実の複雑な地形のもとでは両方のメカニズムが混ざって高温をもたらすこともあり得るだろう．

　また，場所によっては山の風下側の数kmぐらいの範囲で激しい風が吹くことがある．四国山脈の北側，四国中央市で吹く南寄りの「やまじ」や，岡山県北東部の那岐山南麓に吹く北寄りの「広戸風（ひろとかぜ）」はその代表的なもので，このほか全国各地にそれぞれ名前のついた山越えの強風がある．これらは，乾いたフェーンに伴う風下側の急流が，地形の条件によって特に狭い範囲に集中し，著しい強風になったものと理解することができる．

　いずれにしても，フェーンとはもともとは強風を表す言葉である．しかし現実には，山を越える風がさほど強くないときに，山の風下側の平地では風が弱いまま，昼間に著しく気温が上がることがよくある．困ったことに，こうした「山の風下側の弱風高温状態」を表す適当な言葉がない．そのため，風の強弱に関係なく山の風下側の高温を「フェーン現象」と表現することも多いのだが，本書では本来のフェーンと区別するため，強風を伴わない風下側の高温を「弱風フェーン」と言うことにしよう．関東では，高温日の地上風は弱いのがむしろ普通であり，猛暑の多くは弱風フェーンの形をとる．北陸地方のフェーンのときも，時として地上風は弱く，弱風フェーンの状態になる．このように，弱風フェーンは日本の猛暑を考える上で見落とせない要素である．

　弱風フェーンによる高温は，主として晴れた日の昼間に起きる．すなわちこれは，山岳の効果と日射による加熱が重なって起きる現象である．最近，数値気象モデルを使って行われた研究によると，昼間，山頂と風下側の平地の間に谷風循環が発達する際，山頂では日射量のわりに昇温が弱く，逆に，風下側のふもとでは日射量以上に大きく昇温する．言い換えると，谷風循環のもとで山岳に与えられた日射加熱の一部を風下側へ輸送するメカニズムが働いている [28]．

　また，弱いながら山から平地へ（すなわち，陸から海へ）向かって風が吹いていることにより，海風の侵入が妨げられる．このため，海風による冷却効果が働かず，それも気温を押し上げる要因になる．特に，海岸に近い地域は，普段は海風によって昇温が抑えられるため，海風が吹かない日は通常日に比べて大幅に気温が高くなる場合がある．

コラム 12 ◆ フェーンとボラ

　昔の教科書には，よくフェーンとボラが並べて書いてあった．ボラ（bora）はクロアチア沿岸に吹く北東風であり，山から吹き下りる冷風の代名詞になっている．山を下りてくる風のうち，暖かいのがフェーン，冷たいのがボラだというのだ．

　筆者は長い間，これが不思議だった．山を下りてくる空気は断熱昇温で暖まるはずなのに，なぜボラは冷たいのだろう？ 空気を冷やすメカニズムが何か働いているのだろうか？

　今になって考えてみると，フェーンとボラの間に本質的な違いはないはずである．ボラが冷たいのは，山を越えてくる空気がもともと非常に低温だからなのだ．そのため，断熱昇温してもなお，それが吹く前よりも気温が下がる．

　冬の北西季節風による関東の空っ風や濃尾平野の伊吹おろしはボラの例である．これらが吹くとたしかに寒いけれども，日本海側はもっと寒い．言い換えると，北西季節風が吹くときにも図 7.6(a) のメカニズムは働いていて，太平洋側の寒さを幾分かは和らげていると言えるだろう．ただ，寒波は厚い寒気を伴うため大気の安定度が弱く，昼間は厚い混合層ができる（3.3 節，コラム 5 参照）．そのため，山地の風下側で断熱昇温が起きても，その熱は混合層内に拡散し，気温の上昇量は小幅にとどまることが考えられる．

◆◇◆ 7.4　関東内陸部の猛暑増加とヒートアイランド ◆◇◆

　図 7.1 や図 7.3 で見たように，最近の猛暑は 3 大都市圏の内陸域を中心にして起きている．これらの地域は広域ヒートアイランド（6.4 節参照）による昇温域と重なっている．ヒートアイランドが猛暑の一因になっているのだろうか．

　図 7.7 は，東京・熊谷・前橋について，最高気温が 36℃ 以上になった日数の長期変化を示したものである．近年は東京でも 36℃ 以上の日数が増えているが，熊谷や前橋では東京をはるかに上回る勢いで激増している．熊谷や前橋は

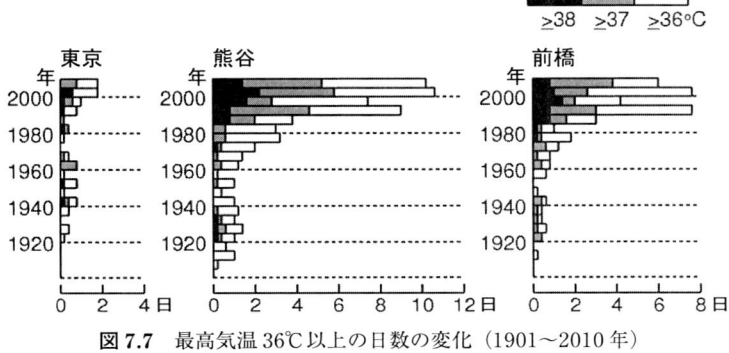

図 7.7 最高気温 36℃ 以上の日数の変化（1901〜2010 年）
5 年ごとに統計し，1 年当たりの日数を示した．

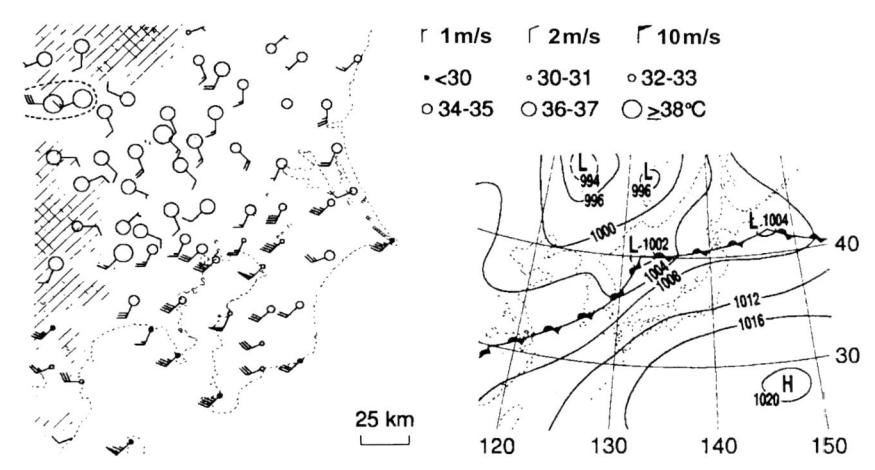

図 7.8 西風のもとで関東平野の北西部が猛暑になった例（1987 年 7 月 23 日）[59]
最高気温は前橋で 38.9℃，熊谷で 37.8℃．

「内陸だから暑い」と思われがちだが，これほど暑くなったのは最近のことなのである．このように，長期変化の点から見ても，関東の内陸部では著しい高温の増加傾向が目立つ．

　熊谷や前橋など関東平野の北西部で著しい高温になる日の気象状態は，大きく 2 通りある．1 つは前述のように（7.3 節参照），本州付近が西寄りの風になったときである．図 7.8 はその例である [59]．関東平野の沿岸部は強い南西風が吹いて比較的気温が低いのに対し，北西部は風が弱く，著しい高温になって

いる．これは弱風フェーンの状態だが，前橋付近（左上の点線内）は碓氷峠を越えた西風が吹き込み，本来のフェーンに近い．日によっては西風がもっと広い範囲に及ぶこともあり，熊谷で40.9℃を記録した2007年8月16日も，さほど強くはないが関東の北西部一帯が西〜北西の風であった［107］．しかし近年は，本州が高気圧に広く覆われて広域海風が吹く日にも，関東の北西部で37℃，38℃という高温になることがある．これが，この地域で猛暑になる第2のパターンである．

熊谷や前橋の猛暑の増加に対して，都市化がどのように関わっているのだろうか．前述の第2のパターンに関しては，図6.12, 6.13からも示唆されるように，広域ヒートアイランドが気温を上昇させる一因になっていると考えていいだろう．その意味で，広域ヒートアイランドは大都市圏の猛暑の1要因と見なせる．しかし，西風が吹く日については広域ヒートアイランドの影響は考えにくい[7]．長期的に見て，盛夏の高温時に本州付近が西寄りの風になる日が増える兆候があり［59］，その背景として気候変動が何らかの形で関わっている可能性もある．地球温暖化が進むにつれ，猛暑の気候特性がどのように変化していくのか，今後の研究成果を待ちたいところである．

◆◇◆ 7.5 気象災害としての猛暑 ◆◇◆

気象災害と言うと，豪雨・豪雪や暴風など激しい現象を連想する．しかし，毎年夏になると熱中症による被害が相次ぎ，人命に関わることも少なくない．厚生労働省の人口動態統計には，「自然の過度の高温への曝露」による国内の死亡数が載っていて，一般にこれが熱中症の死者数として使われている．図7.9に示すように，その数は毎年数百人に上る．8月の気温が高い年には熱中症による死者数が多い傾向があり，記録的な高温だった2010年は過去最高の1731人に達した．気象庁は2011年7月から，最高気温がおおむね35℃以上になることが予想される場合に「高温注意情報」を発表するようになった．

東京都監察医務院の資料[8]によると，2010年6〜9月に検案された東京23区の死亡者のうち，熱中症で亡くなった人は210人で，このうち179人（85%）は60歳以上だった．死亡時刻が推定された149人のうち，夜間（17〜05時）

7.5 気象災害としての猛暑

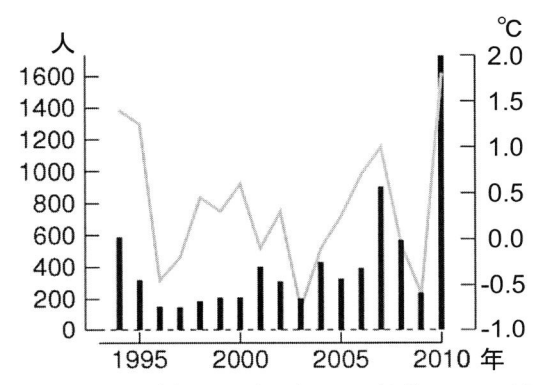

図 7.9 熱中症（自然の過度の高温への曝露）による死亡数（縦棒）と 8 月の気温偏差（平年値からのずれ，東日本と西日本の平均値，灰色線）の推移
死亡数は厚生労働省の人口動態統計（年刊）による．

の死亡が 74 人（50%）であり，夜の暑さも危険であることがわかる．

国外でも，高温による深刻な被害が起きている．インドでは，4～6 月を中心として気温 50℃ に達する熱波に襲われることがあり，多くの死者が出ることが繰り返されてきた．1978～1999 年の 22 年間に，インド国内の熱波による死者数は 4942 人に上り [72]，2003 年の熱波のときは死者が 3000 人を超えたという [93]．この 2003 年は，ヨーロッパでも 8 月に記録的な猛暑となり，それによる死者数（直近の数年間と比べた過剰死亡数）は，各国合わせて 3 万 5000 人に達したとされる[9]．このうちフランス国内の死者は 1 万 4700 人で，その約 60% は 75 歳以上の高齢者だったという [93]．2010 年の夏にはロシアや東ヨーロッパで異常な高温になり，多数の死者が出たと報じられている．

ところで，熱中症という言葉をよく聞くようになったのは 1990 年代の央ごろからである．では，それまでは暑さによる人命への脅威はなかったのかというと，必ずしもそうではなく，戦前の資料でも全国で毎年 200～300 人，多い年は 400 人を超える数の「暑熱」による死者が記録されている．ただ，当時は今と違って子どもの被害も多かった．これは，当時と今の年齢構成の違いだけでなく，公衆衛生の発達度の違いなどが関係しているかもしれない．

コラム13 ◆ 2010年の猛暑

　2010年の夏は，7月中旬ごろに梅雨明けしてから9月上旬までのほぼ2カ月間，ほとんど途切れなく本州付近の上空に高気圧が居座り，全国的に暑い日が続いた．平成になってからの記録的な暑夏だった1994年と比べても，2010年の高温は際立っていて，6〜8月の全国の平均気温は平年値よりも1.46℃高く，1898年以降の最高記録だった．東京の真夏日71日，熱帯夜56日というのも，歴代の最多記録である．高温の原因としては，春にエルニーニョが終わり，気温の高い状態が存在したこと，その後発生したラニーニャによって日本付近で高気圧が発達したこと，等々が指摘されている［23］．すなわち，この高温は大気と海洋の大循環の偏倚に伴って起きたものである．

　ただ意外なことに，2010年は40℃を超える高温は一度も観測されなかった．全国の気温の最高値は7月22日に多治見（岐阜県）で観測された39.4℃であり，これは国内の歴代20位にも入らない．7.3節で書いたように，記録的な高温は典型的な夏型が崩れかけたときにフェーンや弱風フェーンに伴って起きることが多いのだが，2010年の夏は安定した高気圧に覆われた状態が続き，極端な高温をもたらす気圧配置はあまり現れなかった．変動の少ない持続的な高温というのが，2010年の夏の特徴であった．

　2010年のもう1つの特徴は，8月下旬〜9月上旬がとりわけ暑かったことであり，8月末〜9月に年間の最高気温が出た地点も多い．3.3節で触れたように，夏の昼間は植生地では蒸発散が盛んで，それが空気の加熱Q_Hを小さく抑える．しかし，晴れて雨の降らない日が長く続くと土壌が乾き，蒸発散が減少してQ_Hの増加をもたらす．言い換えると，都市化による変化と同じようなことが植生地でも起き，そのため広範囲にわたって気温が上がる．1994年の夏には実際にそういう変化が起き，暑さを増幅させたことが，観測データの解析によって指摘されている［79］．2010年の夏も，こうした変化が8月末以降の高温に関わっていたかも知れない．

　なお2011年の夏も暑く，6〜8月の全国平均気温は1898年以降で第4

位の高さ（平年値との差は 0.88℃）だった．ただし，2010 年と違って 2011 年は時々涼しい時期があり，変動の大きい夏だった．

◆◆ 注 ◆◆

1) 1993 年以前にも一部のアメダスデータは 10 分ごとに記録紙に印字されていたが，電子ファイルとして 10 分データが提供されているのは 1994 年 4 月の分からである．なお，アメダスの 10 分データが最高・最低気温の記録に公式に採用されたのは 2003 年からであるが，本章の解析（図 7.1～7.4）では 1994 年 4 月以降の 10 分データをすべて利用した．
2) これは明治時代から大正時代にかけての国内最高記録（現在の国域のもの）であった．当日は九州付近に台風，本州の東に高気圧があり，新潟では南東風が吹いていた．この南東風に伴うフェーンが高温をもたらしたと考えられる．
3) http://www.tokyokankyo.jp/kankyoken/faq
4) ここでは「気温が 25℃ 未満にならない夜」という熱帯夜の本来の意味に従い，21～09 時の最低値で判定している．
5) 「三十六度七」とは 36.7℃ のことで，このような書き方は 1950 年ごろまで使われた．2 行下の「〇度三」は 0.3℃ の意味．
6) 3.0 m/s というのはそれほど強い風ではない．もしかすると，当日の高温は 7.3 節の弱風フェーンの性格を持っていたかも知れない．
7) ただし，熊谷や前橋そのものの都市化が高温に寄与している可能性はあろう．
8) http://www.fukushihoken.metro.tokyo.jp/kansatsu/index.html
9) 資料によっては 5 万人を超えるとするものもある．
10) 2013 年 8 月 12 日に江川崎（高知県四万十市）で 41.0℃ が観測された．
11) その後アル・アジジャの記録は誤りとされ，これに代わって 1913 年にアメリカのデス・バレーで観測された 56.7℃ が気温の世界最高記録と認定された．また，バスラの 58.8℃ という記録も誤りの可能性が高いことが判明した．

8

気候変動と降水の変化

　地球温暖化が進むにつれて集中豪雨が増えている．大都市ではヒートアイランドの影響によって，狭い範囲に突然の大雨を降らせる「ゲリラ豪雨」が激増している……．近ごろ折に触れて，こうした話を聞くようになった．「はじめに」にも書いたように，これは100％間違いだとは言えないのだが，気候変動の一面だけを見ていることも否めない．偏った知識のことを「フジヤマ，ゲイシャ」的だと言う．たしかに日本には富士山があり芸者がいるが，それが日本のすべてではない．センセーショナルな異常気象論にもそれに通ずるものがある．自然はもっと複雑で多様なものなのだ．

　以下では，まず日本の大雨の記録やそれらをもたらす現象の特徴を概観し，その後で地球規模の気候変動という観点から降水の変化の実態を見ていくこととしよう．

◇◇◆ 8.1　日本の大雨の記録 ◆◇◇

　まず，日本の大雨の記録を見てみよう．
　表8.1は，気象庁の統計による日降水量の上位10位までの値である．この表には気象官署のほかにアメダスが含まれているため，アメダスが展開された1970年代後半から統計の対象になる地点が大幅に増えていることに注意してほしい．表によると，上位8位までの日降水量は700 mmを超え，最大は2011年の台風6号によって魚梁瀬（高知県）で観測された851.5 mmである．一方，表8.2は気象庁以外の観測所で記録された日降水量の上位10位値である．これ

8.1 日本の大雨の記録

表 8.1 気象官署とアメダスによる日降水量の上位 10 位値（2011 年まで）

地 点	降水量 (mm)	年月日	現 象
魚梁瀬（高知）	851.5[1]	2011 年 7 月 19 日	台風 6 号
日出岳（奈良）	844.0	1982 年 8 月 1 日	台風 10 号
尾鷲（三重）	806.0	1968 年 9 月 26 日	第 3 宮古島台風, 前線
内海（香川）	790.0	1976 年 9 月 11 日	台風 17 号, 前線
与那国島（沖縄）	765.0	2008 年 9 月 13 日	台風 13 号
成就社（愛媛）	757.0[2]	2005 年 9 月 6 日	台風 14 号
繁藤（高知）	735.0	1998 年 9 月 24 日	前線
えびの（宮崎）	715.0	1996 年 7 月 18 日	台風 6 号
色川（和歌山）	672.0	2001 年 8 月 21 日	台風 11 号
上北山（奈良）	661.0	2011 年 9 月 3 日	台風 12 号

日出岳のアメダス観測所はその後廃止されたため，上記の値は気象庁の公式統計からは除かれている．しかし，廃止された地点と言えども，過去の観測値は防災上重要な情報であると考え，表に含めた．
同じ現象で次の記録がある（単位：mm）．
1) 宮川 764.0（三重），2) 本川 713.0（高知）．

表 8.2 気象官署・アメダス以外の観測所による日降水量の上位 10 位値

地 点	降水量 (mm)	年月日	日界[a] (時)	現 象
海川（徳島）	1317.0[1]	2004 年 8 月 1 日	24	台風 10 号
日早（徳島）	1114.0[2]	1976 年 9 月 11 日	24	台風 17 号, 前線
西郷（長崎）	1109.2[3]	1957 年 7 月 25 日	09	前線（諫早豪雨）
大台ヶ原山（奈良）	1011.0	1923 年 9 月 14 日	10	台風
前鬼（奈良）	976.2	1954 年 9 月 13 日	09	台風 12 号
小見野々（徳島）	953.0	1974 年 9 月 6 日	09	台風 18 号, 前線
柿の又（高知）	903.0	1975 年 8 月 17 日	09	台風 5 号
田辺（和歌山）	901.7	1889 年 8 月 19 日[b]	10	台風
本戸（福井）	844.0	1965 年 9 月 14 日	09	前線
田口原（宮崎）	839.0	1971 年 8 月 29 日	09	台風 23 号

同じ現象で次の記録がある（単位：mm）．
1) 小見野々 1195，沢谷 1006（以上，徳島），2) 北川 1008（徳島），3) 守山 1057，長谷 997，森山 989，山田 997，宮の池 950，喜秀 902，八斗木 901，愛野 898，多比良 872（以上，長崎）．
a) 日界 09 時の値は，当日 09 時から翌日 09 時までの降水量．日界 10 時のものも同様．
b) 19 日 10 時〜20 日 06 時の降水量．
『気象年鑑』2007 年版による．

らの記録は表 8.1 のものを大きく上回り，2004 年に徳島県那賀町海川で観測された 1317 mm をはじめとして，1000 mm を超える値が何度か観測されている．

7.1 節では，区内観測による最高気温記録の信頼性について疑問を述べた．表

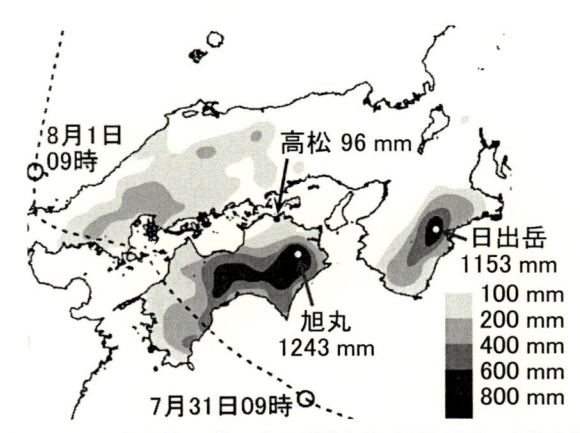

図 8.1 2004 年台風 10 号による総降水量（7 月 30 日〜8 月 2 日）破線は台風の経路．この図はアメダスの降水量データによるものであり，表 8.2 に示された気象庁外のデータは使われていない．「平成 16 年台風第 10 号に伴う 7 月 30 日から 8 月 2 日にかけての大雨」（大阪管区気象台，2004 年 8 月 10 日，http://www.jma-net.go.jp/osaka/saigai/pdf/h16/T10/ty200410-2.pdf）

8.2 の値にも同じような問題があるかもしれないが，降水量は気温に比べて地域的な差が大きいので，観測上の問題は相対的に小さいだろう．表 8.2 に載った地点のほとんどは，紀伊半島から九州にかけての山地の南東〜南側にあり，また，事例の大部分は台風の通過時である．7.3 節でも述べたように，湿った空気が山を昇るときに雲ができるため，山地の風上側では降水量が多くなる．これは山岳性降水あるいは地形性降水と呼ばれ，風速が大きいほど著しい [89]．台風による湿った南東風〜南風が山地に吹きつけるときには，本州〜九州の南東斜面で山岳性降水による多雨が特に目立つ（図 8.1）．表 8.2 の多くはそのような事例である[1]．

　もっと短い時間に降る激しい雨の記録として，1 時間降水量の上位 10 位値を表 8.3 に示す．最大値の 153 mm が 2 つあり，このうち長浦岳（長崎市）の値は 439 人の犠牲者（うち長崎市で 299 人）を出した「昭和 57 年 7 月豪雨」（通称「長崎豪雨」）のときに観測されたものである．このとき長与町では町役場の雨量計で 187 mm という値が記録され，これは気象庁外の観測所を含めた日本の 1 時間降水量の最高記録である[2]．1 時間降水量の記録が出た地点を見ると，

8.1 日本の大雨の記録　　　　　　　　　　　　　　　　　　　　　*115*

表 8.3　気象官署とアメダスによる 1 時間降水量の上位 10 位値（2011 年まで）

地　点	降水量 (mm)	年月日	現　象
香取（千葉）	153.0	1999 年 10 月 27 日	低気圧
長浦岳（長崎）	153.0	1982 年　7 月 23 日	低気圧・前線（長崎豪雨）
多良間（沖縄）	152.0	1988 年　4 月 28 日	前線
清水（高知）	150.0	1944 年 10 月 17 日	前線
室戸岬（高知）	149.0	2006 年 11 月 26 日	低気圧・前線
前原（福岡）	147.0	1991 年　9 月 14 日	台風 17 号
岡崎（愛知）	146.5	2008 年　8 月 29 日	前線（平成 20 年 8 月末豪雨）
仲筋（沖縄）	145.5	2010 年 11 月 19 日	前線
潮岬（和歌山）	145.0	1972 年 11 月 14 日	前線
古仁屋（鹿児島）	143.5	2011 年 11 月　2 日	前線

多良間の記録は観測所の廃止のため，公式統計からは除かれている．

日降水量ほどには本州〜九州の南東斜面に偏っていない．短時間の激しい雨を降らせるのは発達した積乱雲やその集団であり，それは大気が不安定であれば山がなくてもできる．そのため，1 時間降水量の記録にはさほど山岳の影響が現れないのであろう．

コラム 14 ◆ 元祖「ゲリラ豪雨」

「ゲリラ豪雨」という言葉が世に広まったのは 2008 年ごろだが，この言葉は意外に古くからある．1969 年の気象をまとめた『気象年鑑』1970 年版に，「‥‥「ゲリラ豪雨」という新語さえ生まれた」とあることから，1969 年にこの言葉ができたようである．

当時「ゲリラ豪雨」と呼ばれたのは，8 月 7〜12 日に北陸〜信越地方を中心として起きた大雨だった．このときは，前線が南へ北へと移動するのに伴い，「毎晩のようにあちこち所を変えて，強雨による被害」（『気象年鑑』1970 年版）があり，「雨は局地的，かつ集中的」（「気象要覧」第 840 号）だった．「ゲリラ豪雨」という言葉は，局地的な大雨が日々場所を変えながら起きる様子を表していたようである．これらの豪雨は前線が日本海から南東へ延びて本州を横断する状況下で起きており，気圧配置の点では 2004 年 7 月中旬の「新潟・福島豪雨」や「福井豪雨」，また，2011 年 7 月末の「新潟・福島豪雨」に似ている．最近では，この言葉は

もっと狭い範囲に不意に降ってくる雨という語感が強い.
　「ゲリラ豪雨」は公式の気象用語ではなく,「戦争をイメージする」,「予報の難しさが強調されすぎている」などの批判があるが, 筆者自身はそんなに目くじらを立てなくても‥‥という気がしている. ただ, 今までにも触れたように, 局地的で突発的な豪雨は昔からしばしば起きていたのであり, ことさらその異常さや, 地球温暖化・都市化との関連が短絡的に語られることに対しては違和感がある.

　世界の降水量の最大記録は, アメリカ海洋大気局（NOAA）の水理気象計画研究センター（Hydrometeorological Design Studies Center, HDSC）の資料[3]によれば, 24時間降水量については1952年3月にインド洋のレユニオン島で記録された1870 mm, 1時間降水量については1975年7月に中国・内モンゴル自治区の赤峰で記録された401 mmである. 後者は推定値だが, アメリカ国内でも300 mmを超える1時間降水量が複数回観測されており, 1時間に300 mmを超える雨が降ることはあり得るようである.

◆◇◆ 8.2　大雨の極値統計 ◆◇◆

　3大都市圏をはじめとする平野部では, 過去に観測された日降水量の最大記録は200〜400 mmといったところが多く, 表8.1や表8.2の数値に比べて小さい. しかし, このことはこれらの地域で大雨災害の危険が小さいことを意味するものではない. 同じ300 mmの雨でも, 日ごろ雨が多いところと少ないところとでは影響の大きさが違うからである. 今世紀, 2011年までに国内で最も死者数の多かった風水害は, 2004年10月の台風23号であり, 香川・兵庫・京都など四国〜近畿を中心とする大雨などによって死者95人, 行方不明3人を出した. 舞鶴市内でバスが水没し, 乗客が屋根の上で夜を明かしたできごとをご記憶だろうか. 10月20日の降水量は高松で210.5 mm, 舞鶴で277 mmなどであり, 数値としては表8.1の記録よりもずっと小さかった. それにもかかわらず大きい災害になったのは, ふだん大雨の少ない場所に降ったからである.
　降水量の観測値が, その場所にとってどのぐらいの大雨に当たるかを評価す

8.2 大雨の極値統計

るのに,歴代何位とか年降水量の平年値の何割というような尺度が使われる.もっと定量的な尺度としては,再現期間や再現降水量がある.これは歴代のデータに統計理論を当てはめ,ある観測値が何年に1回の確率で現れるかを算定したものである[4].表8.4は再現期間30年と100年,すなわち30年あるいは100年に1回の割合で起きると期待される日降水量を示したものである.東京・大阪・名古屋などの主要都市では100年再現期待値は200〜300 mmとなっている.ただ,表8.4で注意することが2つある.1つは,長期間とは言え有限の期間のデータを使った見積もりであるため,推定誤差があることである.もう1つは,極値統計は単純な統計理論に基づくもので,気候状態の年々の違いを想定していない(統計の言葉で言うと,母集団の変動を考えていない)ため,その時々の気候状態によっては計算値を大きく超える雨が降る可能性があることである.

2つ目の点に関しては,1896年9月の大雨を見落とすことができない.この大雨は数日間にわたって近畿から関東の各地域に降り,東京に「明治三大洪水」の1つになる水害を引き起こした.なかでも彦根に降った雨は記録的であり,9月7日の日降水量は596.9 mmに達した(本書では以下「彦根豪雨」と言う;

表8.4 日降水量の30年および100年再現期待値,および観測開始以来の最高記録

	30年再現期待値	100年再現期待値	歴代最高記録(年)
札幌	141	179	207.0 (1981)
山形	145	184	217.6 (1913)
東京	245	312	371.9 (1958)
長野	104	130	124.5 (2004)
名古屋	208	262	428.0 (2000)
大阪	164	205	231.3 (1957)
高知	358	447	628.5 (1998)
福岡	235	296	307.8 (1953)
鹿児島	269	332	324.0 (1995)
名瀬	450	576	622.0 (2010)
那覇	350	446	468.9 (1959)

単位はmm. 再現期待値は極値統計手法による計算値であり,1901〜2010年の資料から藤部[63]の方法で求めたもの. 最高記録は観測開始から2011年までの実測値.

コラム 15 参照). 問題なのは, これが統計的にはまずあり得ない値だということである. 彦根ではこれ以降 100 年以上にわたって 1 日に 200 mm 以上の雨を観測したことがなく, 1901 年以降のデータに極値統計理論を当てはめると, 596.9 mm という値は数十万年に 1 回, 計算のやり方によっては 10 億年に 1 回となる[5]. これは, 母集団の変動を考えない統計理論の限界を示すものであろう. 1896 年は例年になく大雨の多い年であり, 7 月にも中部地方や関東地方の広い範囲で洪水が起きている. 彦根豪雨の発生には, こうした特異な気候状態が関わっていると考えられよう.

◇◇◆ 8.3 大雨をもたらす線状降水帯 ◆◇◇

　雨や雪を降らせる雲は,「層状性の雲」と「対流性の雲」に大別される. 層状性の雲は, 激しい上昇気流を伴わず, 広い範囲にしとしとと降る雨をもたらす. 一方, 対流性の雲は強い上昇気流によってモクモクと発達し, 狭い範囲に集中的な雨を降らせる. 積雲と積乱雲がその代表である. 集中豪雨と呼ばれる局地的な大雨の多くは, 発達した積雲・積乱雲の集団が引き起こす[6].

　積乱雲は, 不安定な大気状態のもと, 湿った空気が何らかのきっかけで上昇することから発生する. 地上の収束は上昇気流を伴うので, 収束域や収束線はしばしば積乱雲の発生場所になる. 上昇した空気は断熱冷却し, 湿度が 100%に達して雲を生じ, その際に放出される凝結熱で加熱されて軽くなる (密度が小さくなる) ため, さらに勢いよく上昇する. こうして, 高さ数千 m, 時には 1 万 m を超える積乱雲ができる. しかし, やがて降水が始まると, それが落ちるときに蒸発が起きるため, 気化熱によって空気が冷え, また, 降水の落下が空気を引きずり下ろす働きをして, 雲の中に下降気流ができる. このため上昇気流は弱まり, 雲は消滅へ向かう (図 8.2). 積乱雲ができ始めてから消えるまでの時間, すなわち寿命は数十分である[7].

　1 つの積乱雲から降る雨の量は, 普通はせいぜい数十 mm である. しかし, 積乱雲が同じ場所に次々にできたり, やってきたりすると, 数百 mm に達するような大雨になる. 図 8.3 は, 2005 年 9 月 4 日夜に東京 23 区の西部で集中豪雨が起きたときのレーダー画像である[8]. 相模湾から北関東まで, 長さ 100 km

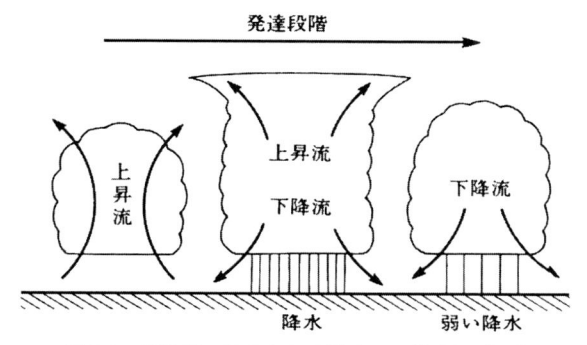

図 8.2 積乱雲の発生から衰弱までの模式図 [45]

以上の細長い雨域が延び，その状態が数時間にわたって続いたことがわかる．この雨域は線状降水帯と呼ばれるもので，そこでは積乱雲が列になって連なっている．図 8.3 を一見すると，同じ雲が同じ場所にずっととどまっていたように思えるが，そうではない．1つ1つの雲は相模湾付近で発生し，上空の風に流されて北北東へ動きながら発達し，東京の西郊で最盛期になって強い雨を降らせた後，北関東で消滅していた．このように，降水帯の端で雲が次々にできては流されていく状態は，バックビルディングと呼ばれ，日本の線状降水帯のでき方としては，比較的よくあるタイプである[9]．

日本に集中豪雨を起こす現象はさまざまであるが，線状降水帯はその中で代表的なものの1つである．降水帯が時間とともに移動すれば雨は短時間ですむが，降水帯が何時間も同じ場所にとどまると，1カ所に何百 mm もの雨が降ることになる．このように，集中豪雨には降水の強さと停滞という2つの要因が関わる．図 8.3 の場合，下井草（杉並区）に設置された東京都の雨量計による降水量（2005 年 9 月 4 日 12 時〜5 日 06 時の積算値）は 264 mm に達し，23 区の西部で川の氾濫などが起きた．しかし，そこから西へ 40 km 離れた八王子では降水量が 0 mm であり，雨がいかに局地的だったかがわかる．2000 年 9 月 11〜12 日，名古屋とその周辺に 500 mm 以上の雨を降らせ，水害をもたらした通称「東海豪雨」も，いくつかの線状降水帯が半日以上にわたって次から次へとほぼ同じところにできることによって起きた．2004 年と 2011 年の「新潟・福島豪雨」，2004 年の「福井豪雨」，2008 年 8 月の「平成 20 年 8 月末豪雨」によ

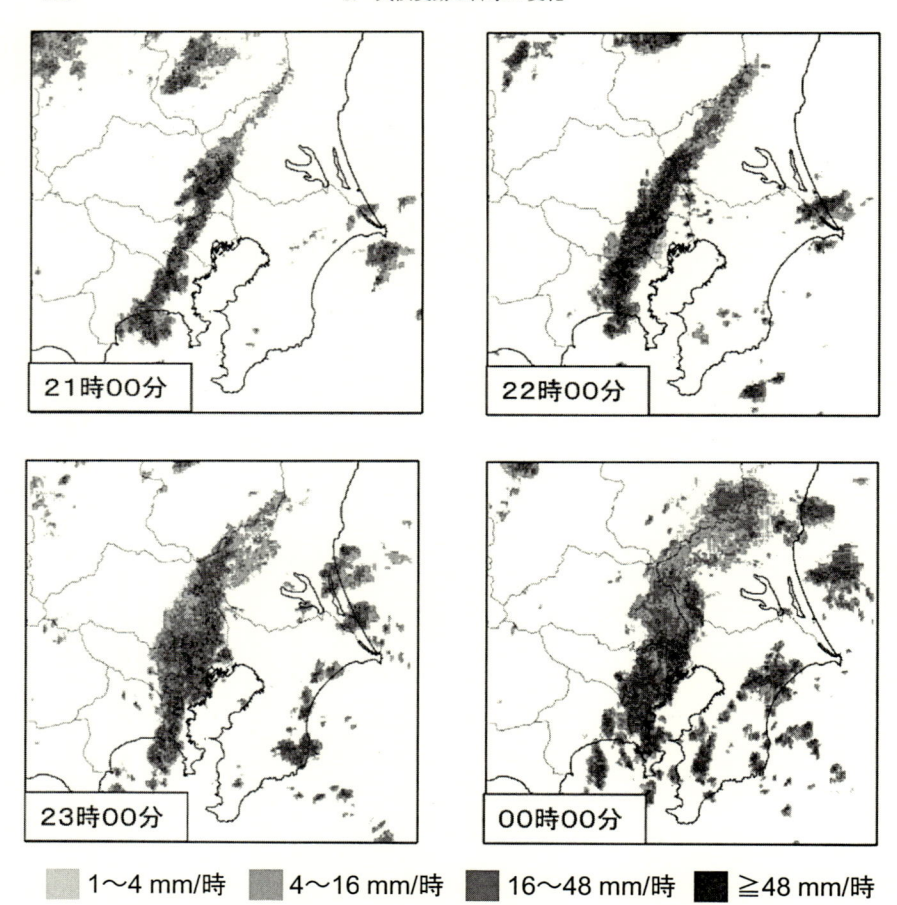

　　　　　　　1〜4 mm/時　　　4〜16 mm/時　　　16〜48 mm/時　　　≧48 mm/時

図 8.3　2005 年 9 月 4 日 21 時〜5 日 00 時のレーダーによる毎時の降水強度（レーダー観測による瞬間値）
「平成 17 年 9 月 4 日から 5 日の大雨に関する東京都気象速報（第 2 報）」（東京管区気象台，2005 年 9 月 5 日，http://www.jma-net.go.jp/tokyo/sub_index/bosai/disaster/20050905/20050905.pdf）による（口絵 1 参照）．

る愛知県内の豪雨などにも線状降水帯が関わっていた．積乱雲や線状降水帯の詳しい解説は専門書を見てほしい [71]．

　なお，層状性の雲はさほど激しい雨を降らせることはないが，それでも「本降り」の雨を降らせることはあるし，場合によっては災害を起こすほどの雨を

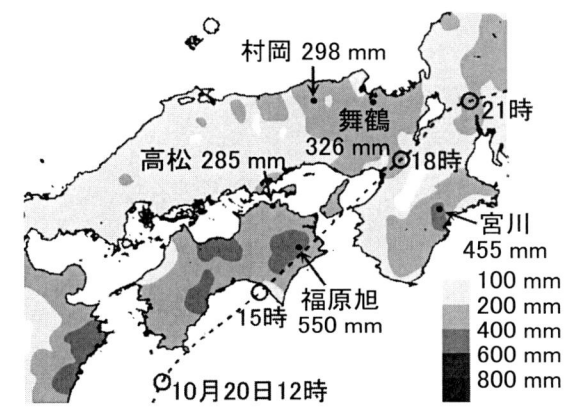

8.3 大雨をもたらす線状降水帯　　　　　　　　　　　　　　　　　　　　121

図 8.4 2004 年台風 23 号による総降水量（10 月 18〜21 日）
破線は台風の経路．「平成 16 年台風第 23 号及び前線による 10 月 18 日から 21 日にかけての大雨と暴風」（気象庁，2004 年 11 月 11 日，http://www.jma.go.jp/jma/kishou/books/saigaiji/2004ty23.pdf）による．

もたらす．2004 年の台風 23 号のときは，日本列島に沿ってかかっていた前線に台風による暖湿な南風が吹きつけて広範囲に濃密な雨雲ができ，持続的な大雨を降らせた［97］．図 8.4 はこのときの降水量の分布である．紀伊半島や四国の山岳性降水は図 8.1 のときほど顕著ではなく，その一方で四国の瀬戸内海側から近畿地方にかけての広い範囲で 200〜300 mm の降水があったことがわかる．8.1 節で述べたように，この地域は普段は大雨が少ないため，各地で浸水や土砂災害が起きた．

コラム 15 ◆ 1896 年の彦根豪雨

　この豪雨を記述した『滋賀県災異誌』によると，「雨の降り方の強烈なことは，丁度ロープのような太さの雨で，その上雷雨を伴ない，実に凄惨な光景であった」［56］．図 8.5 は彦根の降水の観測記録を示したものである．当時の観測は 4 時間ごとであり，日降水量 596.9 mm とは 9 月 6 日 22 時〜7 日 22 時の値（すなわち日界 22 時）である．24 時間降水量の最大値は 7 日 06 時〜8 日 06 時の 684.3 mm であった．8 日以降も毎日数十〜100 mm の雨が降り，6〜10 日の 5 日間降水量は 969.8 mm に及ん

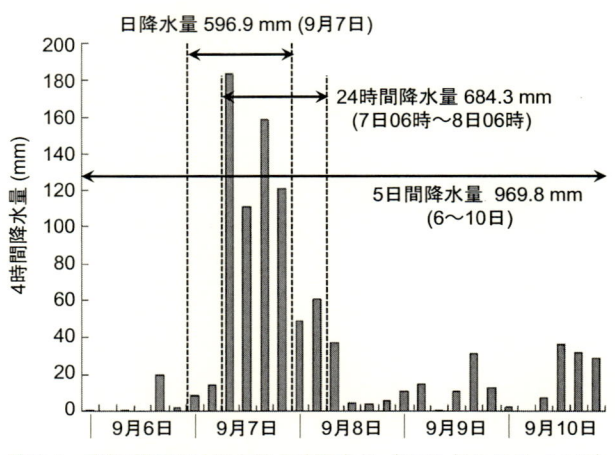

図 8.5 彦根豪雨時の降水量の時間変化（1896 年 9 月 6〜10 日）
棒グラフは各 4 時間の降水量.

だ．この大雨のため琵琶湖の水があふれて湖岸一帯が水没し，彦根測候所は年末まで一部の観測ができなくなった．一方，この大雨による滋賀県の死者・行方不明者は 34 人だった [56]．この数は当時としては意外なほど少なく，そのことが雨の激しさのわりに，彦根豪雨が知られていない理由であろう（『台風・気象災害全史』によると，9 月前半の一連の大雨による全国の死者・行方不明者は 344 人であった [68] が，この数字には滋賀県をはじめとする一部の県の死者数は含まれていない）．

当時はもちろんレーダーや気象衛星はなかった．しかし，区内観測はすでに行われていて，日降水量に関しては今のアメダスに匹敵する密度のデータが残っている．このデータを調べると，滋賀県東部を中心として南北に延びた多雨域がある（図 8.6）[10]．また，気圧配置を再解析すると，本州を縦断する前線があり，ここへ南風が吹き込んでいる [56]．これらのことから，当日は前線に向かって暖湿な南風が吹き込む状態のもと，南北に延びる線状降水帯が彦根付近にかかっていたことが想像できるだろう．これは東海豪雨などと似た状況であり，その意味で彦根豪雨は日本の集中豪雨の典型的なタイプの 1 つと見なせよう．

このほか，明治時代の記録的な大雨としては 1889 年 8 月に奈良県の十津川地区を壊滅させたもの（表 1.2）が挙げられる．これは動きの遅い台風に伴う大雨であり，和歌山県の田辺では日降水量 901.7 mm，2 日間

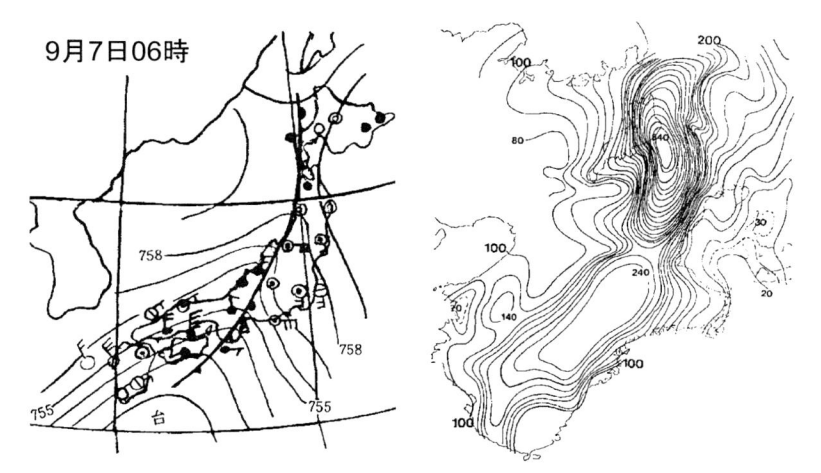

図 8.6 彦根豪雨時の天気図（1896 年 9 月 7 日 06 時）と日降水量の分布（9 月 7 日 10 時〜8 日 10 時）

天気図の等圧線は 1 mmHg（= 1.33 hPa）ごとで，755 mmHg = 1006.6 hPa，758 mmHg = 1010.6 hPa．降水量の等値線は 20 mm ごと．天気図は『滋賀県災異誌』[56]，降水量分布は奥田 [10] による．

降水量 1265 mm が観測され，被災地では「これから推定すると，日本の極値を超えるような集中豪雨が降ったものと考えられる」[68]．この台風の経路は，2011 年 9 月に紀伊半島に大被害をもたらした台風 12 号とよく似ている．地球温暖化が進むにつれて過去に例のない「スーパー豪雨」が起きるようになるという議論があるが（そして，それは一概に間違いだとは言えないが），明治時代にもこれほどの大雨があったことは記憶に値するだろう．

◆◇◆ 8.4　地球温暖化と大雨の増加 ◆◇◆

気候変動に伴って降水はどう変わるのだろうか．降水の長期的な変化には，大気中の水蒸気量や大気の安定度，大気中の微粒子（エーロゾル粒子）のほか，大気大循環の変化が大きく影響し，それに伴って降水が増える地域もあるし，減る地域もある．IPCC の第 4 次評価報告書によると，1901〜2005 年の間にア

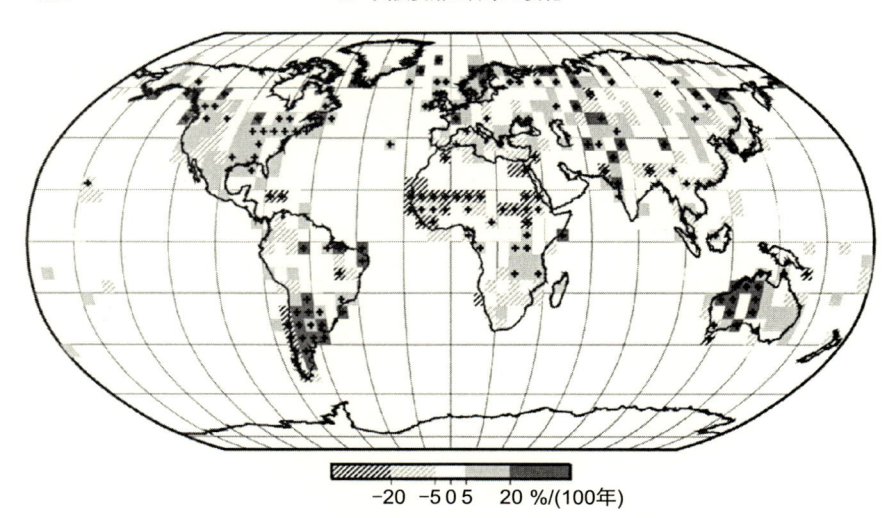

図 8.7 世界の降水量の経年変化率（1901〜2005 年）
IPCC 第 4 次評価報告書［92］の Fig. 3.13 の上半分を簡略化したもの．
＋は変化が危険率 5％で有意であることを表す（口絵 4 参照）．

メリカなどでは降水量が増える傾向にある一方，アフリカ西部では顕著に減少した（図 8.7）．世界全体としては，降水量は 100 年当たり約 1％の増加にとどまっている［92］．

一方，大雨は多くの地域で増えている．降水量が減っている地域でも，降水全体に占める大雨の比率は高まっているところが多い．表 2.1 で示したように，IPCC の第 4 次評価報告書はデータの解析や気候モデルによるシミュレーションの結果に基づき，20 世紀後半以降に大雨の頻度や総降水量に占める比率が増加した可能性が高く，将来地球温暖化が進むにつれてその傾向が続く可能性が非常に高いとしている．

地球温暖化によって，なぜ大雨が増えるのだろうか．大雨を降らせる雲のもとになるのは大気中の水蒸気である．したがって，大雨を増やす原因としては，①水蒸気量の増加と，②水蒸気を集めて発達した雲を作る作用の強まりとが考えられよう．2.4 節で述べたように，地球温暖化につれて，地域によっては大雨を降らせる気象条件が起きやすくなることがあり得る．しかし，世界的傾向としての大雨の増加は，①が主因であるとされている．すなわち，気温が上がる

8.4 地球温暖化と大雨の増加　　125

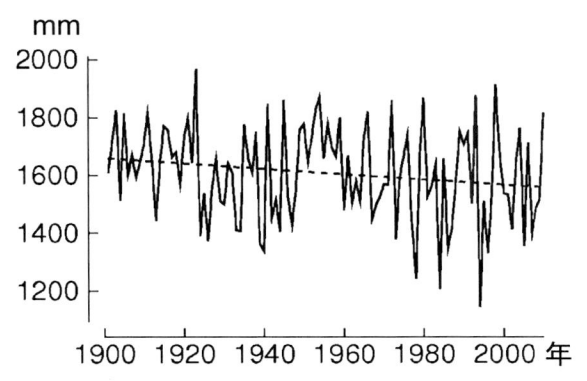

図 8.8 日本の年降水量の経年変化（1901～2010 年）
気象庁の気候変動監視に使われている国内 51 地点の平均値．破線は最小 2 乗法による回帰直線．

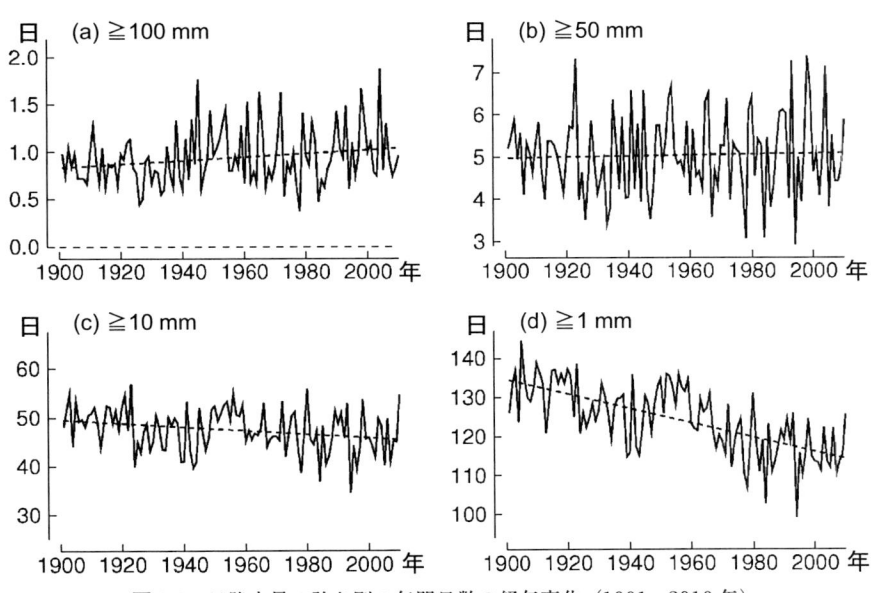

図 8.9 日降水量の強さ別の年間日数の経年変化（1901～2010 年）
国内 51 地点の平均値．破線は最小 2 乗法による回帰直線．

ことによって飽和水蒸気量が増え，これに伴って水蒸気の量も増えるという仕組みである[10]．

　図 8.8 は，日本の年降水量の変化を 1901 年以降の 51 地点のデータを使って

示したものである．降水量は100年当たり6%の率で減っている[11]．一方，大雨は日本でも増える傾向がある．図8.9は上記51地点の日降水量の強さ別に，それぞれの年間日数の経年変化を示したものである．大雨の尺度として100 mm以上の日数をとり，対象期間（1901～2010年）のデータに直線を当てはめると，100年当たり20%の増加となり，この増加率は危険率5%で有意である[12]．ただ，図8.9からわかるように年による変動は大きく，また，1940～1950年代まで増えた後，いったん減少し，1980年ごろから再び増加するという，数十年スケールの変動も見られる．このことは，気候変動による大雨の変化を調べるときには十分長い目で見る必要があることを示している．

　図8.9によると，降水量50 mm以上の日数には目立った変化がなく，10 mm以上，1 mm以上の日数は明らかに減少している．その減少率は100年当たりそれぞれ8%および15%である．このように，日本では大雨の日が増える一方，弱いものを含めた降水の総日数は減り，雨の降らない日が増えている．

　将来に関しては，いくつかの数値気候モデルにより，地球温暖化につれて日本の降水量や大雨日数の増加が予想されている［19, 21］．その一方，弱い降水日数の減少を予想するモデルもあり［96］，過去から現在までの変化と似た傾向になっている．また，季節ごとの気候変化を詳しく予測する試みもある．それらによると，冬はシベリア高気圧が弱まって北西季節風が弱くなり，気温の上昇の影響もあって本州の日本海側の降雪量が大幅に減ること[13]，夏は梅雨の後半や盛夏期の降水が増え，高温かつ多雨の傾向になっていくことなどが予想されている［21, 22, 102］．最近の気候は何となくこうした傾向にあるようにも思えるが，今後きちんとした事実確認を進めるとともに，モデル予測の精度を高めていくことが必要であろう．

◆◇◆ 8.5　降水量データの均質性の問題 ◆◇◆

　気温と同じように，降水の長期変動を調べるときにも，データの信頼性や均質性に気をつける必要がある．

　まず，雨量計の捕捉率の問題がある．雨量計というのは，大きな漏斗のような形の受水器で降水を受け，その量を計るのだが，風が吹いていると雨量計の

8.5 降水量データの均質性の問題

まわりの気流が乱れ，雨や雪の一部を取り逃がしてしまう．これによる損失は，雨については2〜10%，雪については10〜50%とされる [18]．雨量計の形が変われば捕捉率も変わるであろうが，その影響を評価するのは難しい．雪をできるだけ取り逃がさないように，雨量計に風除けが取りつけられることがあり，その有無が観測値を左右する可能性もある [49]．また，雪は溶かして計る必要があるため，最近の雨量計には自動的に雪を溶かすためのヒーターがついているが，その熱でできる気流の影響もあり得る．降水の長期変動を精度良く捉えるためには，雨量計の仕様や風除けの有無とその取りつけ時期などの情報，すなわちメタデータが必要である．

雨と雪とで捕捉率が異なるため，気温の変化が降水量の見かけの変化をもたらすという問題もある．気候が暖かくなり，雪が減って雨が多くなれば，実際には降水量が変わらなくても，捕捉率が高まることによって降水量の観測値は増える可能性がある．

もう1つの問題は，雨量計の種類の変更である．昔は貯水型雨量計と言って，雨量計に入った雨を観測者が毎回メスシリンダーに移して計っていた．しかし，観測の自動化により，1960年代の後半からは転倒升型の雨量計が使われるようになった．転倒升雨量計の中は図8.10のようになっている．受水器から入って

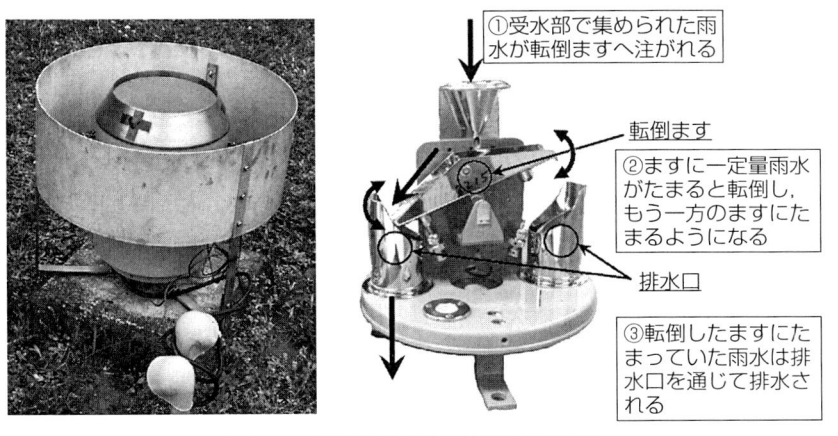

図 8.10　転倒升雨量計の外観と内部構造
内部構造の図は「こんにちは！気象庁です！」2008年9月号による．

きた雨は2つの升の片方（図8.10では右側）にたまっていき，それが降水量0.5 mm 分（雨量計によっては1 mm だったり0.01 インチだったりする）になると，その重みで升がカタンと下がり，以後はもう一方（図では左側）の升に雨がたまるようになる．これを繰り返しながら，降水量を記録していく．このように，転倒升雨量計は「降水量の積算値が一定値（上の説明では0.5 mm）に達するごとにカウントする」というものであるから，長い期間の降水の総量は原理上正しく測れる．しかし，1回ごとの少量の降水については注意を要する．

仮に，升がカラだった状態から降水が始まり，0.9 mm の雨が降ったとしよう．その場合，降水量の観測値は「0.5 mm」であり，残りの0.4 mm 分の雨は，升に残ったままになる．その次に降水があると，今度は0.1 mm の雨が降ったところで転倒が起き，「0.5 mm」の降水が記録される．このように，転倒升雨量計による観測値が「0.5 mm」であるとき，真の降水量は0.0 mm から1.0 mm までの可能性がある．したがって，弱い降水（例えば1 mm 以上）の日数や頻度には貯水型雨量計と転倒升雨量計とで差が生じ得る．降水量の長期的な統計に当たっては，この差を補正する必要がある[14]．図8.9のデータはそのような補正を施した上で求めた値である．

また，雨量計の中に降水がたまったまま，雨が降らない状態が続けば，蒸発による損失が起きる．貯水型雨量計の場合は，毎日1回は人が見るのでその影響は小さく，損失量は0〜4%と見込まれるが，転倒升による自動観測の場合は損失がより大きい［18］．ただ，この問題は日本で弱い降水が減っているという図8.9の結論には影響しないことが確認されている［86］．

このほか降水量の観測値に影響する要素として，受水器の濡れによる損失（受水器の表面についた雨粒が中へ入っていかない）や，受水器からのはね返りなどがある［18］．5.2節でも触れたように，これらの問題があるからと言ってデータに対して過度に懐疑的になるべきではない．しかし，観測方法や測器の特性，およびその変遷についてのメタデータは，降水の長期変動の実態を正確に捉える上で非常に重要である．こうした情報の重要性を認識し，それらをきちんと整備して，データの提供者と利用者の間で共有していくことが課題である．

コラム 16 ◆ 雲量の長期変化

　雲量の観測は観測者が目で見て行う．気象台だからと言って特別な装置があるわけではない．そのため，ある程度の個人差は避けられないが，昔も今も観測方法が同じであることは，長期変動を調べる上での利点でもある．

　雲の観測でいちばん困るのは，やみ夜の上層雲である．月が出ていれば薄い雲がかかっているのが見えるが，やみ夜だと漆黒の空に満天の星が光り，雲のあることがわからない．それでも，冬の上層雲はわりに低い高度に現れるので，地上の明かりでぼんやりと見えることもあるが，夏は本当に困る．筆者も経験があるが，快晴だと思っていたら，夜が明けると空一面を巻雲が覆っていて，しまった！　となる．

　しかし，これは観測者の怠慢や資質の問題ではない．月夜に比べてやみ夜の雲量が小さく観測される傾向は世界に共通しており，統計上どの程度の差があるのか，という評価も行われている［88］．興味深いことに，日本では都市よりも離島や岬のほうが月夜とやみ夜の観測値の差が大きい．都市は地上の明かりが雲を照らすため，やみ夜でも雲が見えやすく，見落としが少ないのだろう．

　過去数十年間に，雲量はアメリカや旧ソ連など世界各地で増加してい

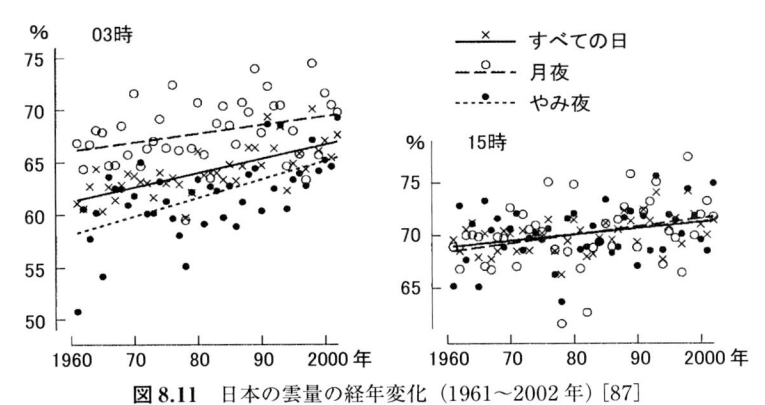

図 8.11　日本の雲量の経年変化（1961〜2002年）［87］
沖縄を除く70地点の年平均値について，年ごとの値と，最小2乗法による回帰直線を示す．月夜は月齢14〜21，やみ夜は28〜6の日．

る [92]．図 8.11 は日本の雲量の長期変動を示したものである [87]．03時，15 時ともに雲量は増える傾向にあるが，やみ夜の 03 時の増え方は大きく，月夜との差が縮まっている．これは，都市化によって地上の明かりが増え，やみ夜の見落としが少なくなってきたことをうかがわせる．言い換えると，図 8.11 の 03 時の変化には，真の雲量の増加と都市化による見かけの増加の両方が含まれている．

別の見方をすると，雲量のデータを扱うときには，やみ夜の見落としや，都市化によるその改善傾向に気をつけないと，正しい変化を見誤るおそれがある．観測データにまつわる思わぬ落とし穴の 1 つである．

◆◆ 注 ◆◆

1) 北海道の胆振(いぶり)地方の沿岸も山岳性降水の多いところである．苫小牧や登別では 6 時間に 400 mm 前後の雨が降った例がある．
2) 「降水量」と「雨量」は同じ意味である．降水の中には雪などの固体降水も含まれるので，今では「降水量」が標準的な言い方である．ただ，「雨量計」などは習慣として使われている．
3) http://www.weather.gov/oh/hdsc/record_precip/record_precip_world.html
4) 再現期間は，その事象が起きる周期を意味するものではなく，単に起きる確率を表すにすぎない．したがって，再現期間 100 年の事象が短期間に続いたり，数百年以上にわたって起きなかったりすることもあり得る．理論上，ある 100 年間に 100 年再現降水量を超える事象が起きる確率は 63% である．
5) 10 億年というのは極値統計で以前から使われてきたグンベル分布を当てはめて計算した値，数十万年のほうは筆者の方法 [63] で一般化極値分布を適用して求めた値である．
6) 積乱雲は積雲が発達したものである．積乱雲は上部に「かなとこ」（氷晶でできた雲が吹き出したもの）があること，雷を伴うことなどで積雲と区別される．しかし積乱雲は必ず雷を伴うものではない．一方，資料によっては積雲も雷を伴うことがあるとされており，積乱雲と発達した積雲との間に厳格な区別はないようである．なお，混合層内の対流（3.3 節）と積雲・積乱雲に伴う対流とは，基本的な原理は共通するが，現象としては別なので混乱しないでほしい．
7) 積乱雲の中には，寿命が長く，すぐには衰弱しないものがある．本文に記したように，積乱雲を養うのは湿った空気の上昇，衰弱させるのは下降気流で

あるが，上空の風の分布次第では，上昇気流と下降気流がうまく共存する配置になって，雲は衰えずに存続することができる．このような積乱雲はスーパーセル（supercell）と呼ばれる．スーパーセルが数時間にわたって停滞し，数 km の範囲に 200 mm 近い雨を降らせた例もある［106］．また，スーパーセルはしばしば雲の中に渦（メソサイクロン）を伴い，時としてその下に竜巻ができる．

　ところで，スーパーセルは「巨大積乱雲」と訳されることもあるが，この言葉は雲の大きさではなく構造を表すものである．高さ 5000 m ぐらいの，わりに小さい積乱雲もスーパーセルの構造をしていることがあり，これは「ミニスーパーセル」と呼ばれる（「盆栽スーパーセル」という言葉もあったが，最近は聞かない）．

8) http://www.jma-net.go.jp/tokyo/sub_index/bosai/disaster/20050905/20050905.pdf
9) この事例も 9.1 節で取り上げる練馬豪雨もそうだが，一般に降水現象は 1 つ 1 つの雲，それらの集団，そしてそれらを支配する天気系（低気圧，前線など）が，それぞれに固有のメカニズムに従いつつ，互いに影響を与え合いながら起きる．したがって，個々の雲の動きと雲の集団の動き，そして低気圧の動きはそれぞれ別である．このことは，現象の多重スケール性とか階層性と言われる．
10) 地球温暖化が進んでも，湿度（相対湿度）はあまり変わらないと考えられている．湿度が一定なら，気温が上がって飽和水蒸気量が増えるのに比例して水蒸気量は増える（図 4.4 参照）．
11) これは危険率 10% で有意である．しかし，危険率 5% では有意でなく，そのため気象庁の刊行物では降水量の減少傾向は明記されていない．
12) 図 8.9 は全国を対象にした統計であるが，降水量 100 mm 以上の日数は場所による差が大きいことに注意してほしい．100 mm 以上の日数は宮崎など西日本の太平洋側では年に 3 日程度であるのに対し，長野や北海道の一部地点では 100 年間に 10 日以下であり，その間に数十倍の差がある．したがって，図 8.9(a) は全国の統計結果と言いながら，主に西日本の太平洋側の変化を表している．しかし，もっと地域差の小さい尺度，例えば日降水量の年最大値を使っても，日本の大雨の増加傾向が裏づけられる［86］．
13) 北海道の山岳域ではむしろ降雪量が増えると予測される［22］．これは，気温の上昇に伴って大気中の水蒸気が増える結果，降水量が増すからである．
14) 転倒升雨量計で弱い降水を精度よく測るためには，もっと少ない降水量で転倒が起きるようにすればいいのだが，そうすると振動や風による誤転倒が起きやすくなってしまう．

9

都市が降水に与える影響

　前章で地球規模の気候変動に伴う降水の変化を論じたのに続き，本章では都市と降水の関係について話を進める．都市に起きるいろいろな気候変化の中でも，降水は都市化との因果関係が確かめにくく，実証の難しい要素である．そのため，社会の関心が高いわりに，断定的なことが言いづらい面もあるが，その事情を含めて研究の現状を紹介し，筆者なりの考えをまとめてみた．

◆◇◆ 9.1　都市の大雨と災害 ◆◇◆

　表 8.1 で見たように，明治から昭和前期にかけては大雨による広範囲の洪水がたびたび大都市圏を襲った．1910 年の関東大水害や 1947 年のカスリーン台風のときは，関東の西〜北部に降った雨で利根川や荒川が氾濫し，洪水の範囲は東京から近県までの数十 km にわたった．このような水害は，しばしば数日以上の経過をとって起きた．カスリーン台風の場合，大雨のピークは 9 月 14 日夜〜15 日午後だったが，利根川の堤防が栗橋（埼玉県）の上流側で決壊したのが 16 日 00 時過ぎ，そして洪水が東京へ達したのはその 3 日後の 19 日のことであった [68]．

　今の大雨災害の多くは，もっと局地的で短期集中的である．図 8.3 に示したのはその例である．夏の午後に起きる雷雨はさらに局地性と突発性が強い．近年「ゲリラ豪雨」と呼ばれるのは，このような短時間の集中豪雨である．1999 年 7 月 21 日に東京で起きた集中豪雨は通称「練馬豪雨」と呼ばれ，新宿区西落合では地下室が水没して 1 人が亡くなる事態となった．都が設置した雨量計

9.1 都市の大雨と災害

では練馬区で 1 時間に 131 mm の降水が記録されている（気象庁のアメダス観測では 111.5 mm）．翌年 7 月 4 日には東京都心〜臨海部を強い雷雨が襲い，新木場（今の江戸川臨海）で 104 mm，気象庁でも歴代 2 位となる 82.5 mm の 1 時間降水量を観測した．このときは都心部の道路が冠水し，地下鉄の構内にも水が流れ込んで一部の路線の運転が止まった．2008 年に起きた神戸市都賀川の増水事故や，東京のマンホール出水による事故も短時間の強い雨による災害である．

もっとも，近年に短期集中型の災害が目立つのは，「ゲリラ豪雨」が増えたから‥‥とは言い切れない．むしろ，防災体制が整って関東大水害のような広域災害が抑止されたことが大きいだろう．広域災害の陰に隠れてあまり認識されていないが，明治時代にも竜巻や雹などの突発的な現象による災害が相次いだことを思い起こしてほしい（1.2 節参照）．

ともあれ，夏の午後に急に降り出す雷雨は正確な予測が難しく，天気予報にとって残された難題の 1 つである．ただ，東京で午後に強い雷雨が起きた日の気象状態には，多くの事例に共通する特徴がある．まず，本州付近に前線がかかっていることである．そして，雷雨をもたらす積乱雲群ははじめは北関東に現れ，これが南下してくるときに，それを迎えるように東京付近で積乱雲が急発達するケースが多い［65］．関東一帯が晴れわたり，周辺に雲がないときに

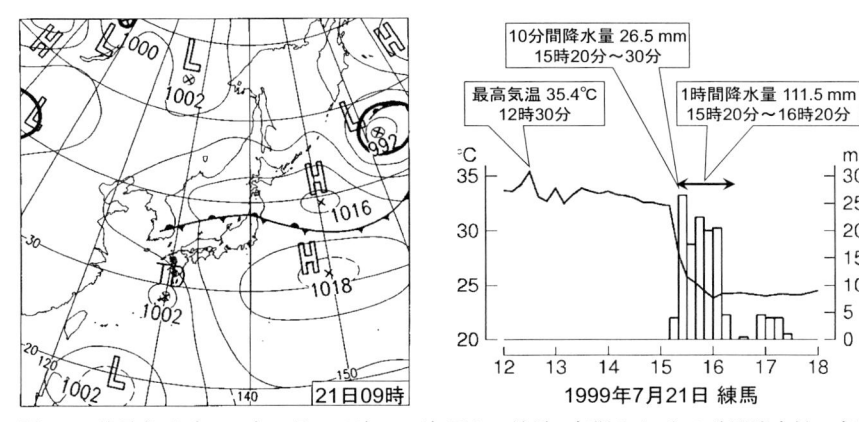

図 9.1 練馬豪雨（1999 年 7 月 21 日）の天気図と，練馬の気温および 10 分間降水量の変化　天気図は気象庁天気図による．

都内で突然ムクムクと積乱雲がわいたという例は少なく，あっても激しい雨になることはほとんどない．これは，東京の雷雨の多くが関東やその周辺を含む広域の大気現象の一環として起きることを示している．近年はスーパーコンピューターを使った数値予報が進歩し，雷雨の発生についての予測精度も向上してきたし，各種のレーダー(1.3節参照)のデータや数値予報結果をもとにして竜巻の発生確度や雷の活動度を数十分先まで予測する「竜巻発生確度ナウキャスト」や「雷ナウキャスト」が始まっている［12, 44］．

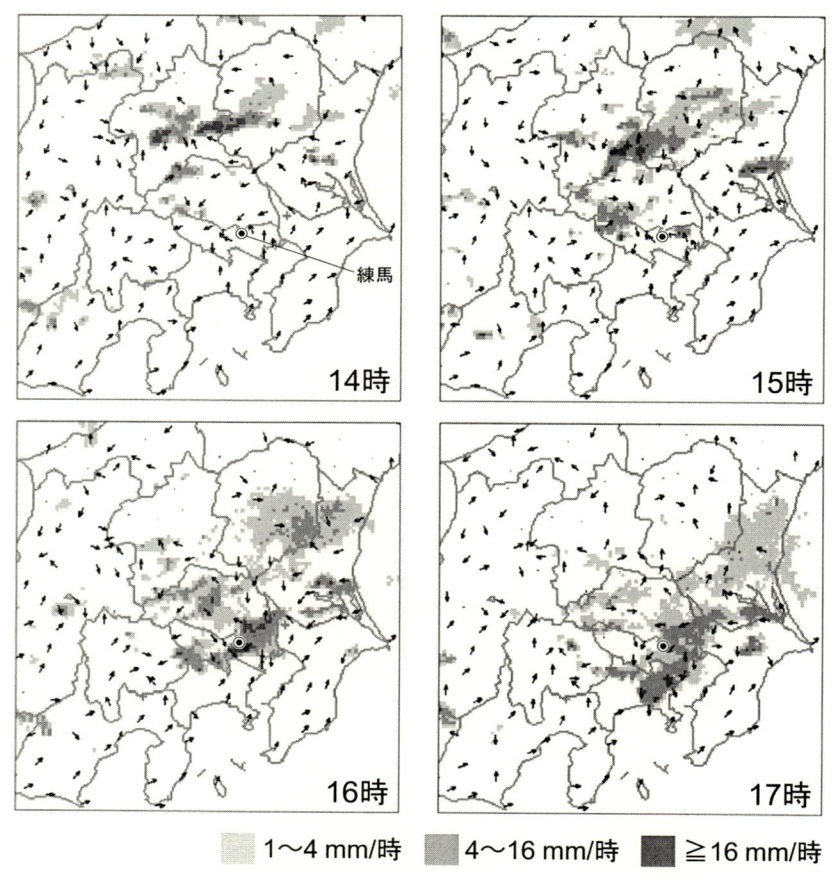

図9.2 練馬豪雨時（1999年7月21日）の毎時の降水強度（レーダー観測による瞬間値）と地上風向

図 9.1 は練馬豪雨の日の天気図と気象データを示したものである．東北地方の南部から日本海にかけて東西に前線がかかり，その南側に当たる関東平野では場所によっては気温が 35℃ を超えた．図 9.2 はこのときのレーダー画像とアメダスによる地上風向を示す．北関東には正午過ぎから積乱雲の群れが現れ，しだいに南へ移ってきた．練馬豪雨を引き起こした積乱雲群はこの状況のもとで東京上空に新たに発生したもので，レーダーで練馬付近に最初の降水が捉えられたのは 14 時 40 分である．その後，この積乱雲群は急激に発達し，北関東から南下してきたものと合体する形で大雨をもたらした後，南東へ移っていった．

東京で雷雨が起きる日は風の吹き方にも特徴がある．夏の午後には広域海風が発達して関東平野全体が南寄りの風になるのが普通だが（6.2 節参照），東京で強い雷雨になる日はそうではなく，南風は東京から南の地域に限られ，その北側は鹿島灘から吹く東寄りの風になっていることが多い．この南風と東風，それに東京湾から吹く南東の海風が東京付近で収束し，そこに雲が発生する傾向がある [65]．練馬豪雨を起こした積乱雲群も例外ではない（図 9.2）[1]．このようなパターンの風が吹く理由としては，日本を覆う高気圧が北へ偏っていることに加え，前線の存在が関係している可能性もあるが，きちんとした理解はまだできていない．またひょっとすると，広域ヒートアイランドによる風の変化（6.4 節参照）が上記のパターンを起こしやすくしている可能性があるが，この点の解明もこれからの課題である．

◇◇◆ 9.2 都市と降水の関係についての考え方 ◆◇◇

都市は降水が多いのではないか，という見方は以前からあった．1972 年に書かれた大後美保，長尾 隆の両氏による『都市気候学』[42] には，都市化による影響が次のようにまとめられている．

「比較的高緯度の地方では層雲系の雲[2]によって都市に雨が多くなる傾向があり，これは凝結核の増加と関係があるらしい．また緯度が低くなるにつれて，層雲系の雲による都市の多雨はめだたなくなり，かわって対流性の雲による都市の雨が多くなる傾向がある．そしてこのような対流性の雲

による雨は夏期に多く，かつ大陸性気候のいちじるしいアメリカなどで顕著にみられ，これは都市気温の上昇とも関係があるらしい.」

　凝結核の増加による層状性の降水の増加とは，都市の大気汚染物質が核になって雲粒がたくさんでき，降水が増えるというものである．かつて都市で霧が多かったことには，この効果が大きく関わっていたと考えられる（4.4節参照）．しかし大気汚染と降水の関係は単純ではなく，凝結核が多すぎると小さい雲粒ばかりができて雨粒になりにくいため，かえって降水を減らすことがわかっている．最近は，大気汚染物質が気候に与える影響は地球規模の観点から議論されることが多く，その多様な特性を解明するための研究が進められている[51]．

　一方，都市気温の上昇すなわちヒートアイランドによる対流性降水の増加については，アメリカをはじめとして各国で研究が行われ，実地観測やデータ解析，数値シミュレーションなどによって解明が進められている．それらについては9.3節以降で紹介するが，その前に，都市と降水の因果関係の捉え方について，見方を共有しておきたい．

　都市が降水に与える影響の有無については，以前から議論が繰り返されてきた．関口 武氏（当時，東京教育大学教授）は1970年に書いた解説記事の中で，東京の江東地区で110 mmの雨を観測した1963年8月25～26日の雷雨について，「筆者はそれが，都市の影響であるという結論に短絡する勇気は持ちあわせていない」と述べ，性急な議論を戒めている[40]．大雨と都市の関連についての議論は，もうこのころからあったのである．

　最近でも，都市で練馬豪雨のような事象があるたびに，それが都市の影響で起きたのか？　という質問が出る．しかしこれは，もともと答の出ない質問である．

　ヒートアイランドと大雨とが違う点は，ヒートアイランドが地上現象であり，条件さえよければ常に存在するのに対し，大雨は突発的な現象である点である．都市で大雨が多いというのが仮に本当だとしても，都市の上空にいつでも雨雲があるわけではなく，また，都市以外の地域で大雨が起きないわけでもない．ただ単に，都市が雲を発達させやすい大気状態を作り出すということに他なら

ない[3]．

　これはタバコと癌の関係に似ている．タバコを吸いすぎると肺癌になりやすいことはよく知られている．ではもし，ヘビースモーカーの人が肺癌になったとして，それはタバコが原因だと言えるだろうか？　世の中にはタバコを吸わなくても肺癌になる人はいる．もしかすると彼もその1人であり，タバコを吸わなくても結局は肺癌になったかも知れないではないか？　降水も同じである．東京で「ゲリラ豪雨」が起きた，きっとヒートアイランドが原因に違いない．‥‥しかし，都市がなければその豪雨は起きなかったはずだと断言できるだろうか？

　この最後の問いに答える方法の1つは，数値シミュレーションである．最近の数値気象モデルは，うまくいけば実際の集中豪雨をかなり正確に再現できるようになった．そこで，モデルに現実の都市を組み入れた場合と入れない場合（例えば，都市を草地に置き換えた場合）のシミュレーションをそれぞれ行ってみよう．その結果，都市版では豪雨が再現され，草地版では豪雨が起きなかったとしたら，都市の存在が豪雨を引き起こした証明になるだろう．

　これは実際，よく使われる方法であり，このやり方で大雨に対する都市の影響が確認された‥‥と主張する研究は少なくない．しかし，この方法をたくさんの事例に適用していくと，問題点が見えてくる．まず，都市版でも草地版でも集中豪雨が再現できない事例が結構多い．草地版のほうがかえって雨が強いこともあるし，都市版と草地版とで都市域から何十kmも離れた山岳や海上の雨の降り方がガラリと違うことも珍しくない［101］．また，数値気象モデルはいろいろな研究機関で少しずつ違う仕様のものが作られているのだが，あるモデルでは都市版のほうが降水が多いのに，別のモデルを使うと逆の結果になることもあり得る．このように，シミュレーションの結果が事例やモデルによりまちまちである中で，ある事例にあるモデルを適用したとき，都市版では集中豪雨が起き草地版では起きなかったからと言って，都市の影響が「証明」されたと言っていいのだろうか？[4]

　前述のように，都市が大雨に与える効果は決定論的なものではなく，単に大雨の発生しやすい条件を作り出すこと，言わば大雨のリスクを高めるということである．タバコと癌の関係も同じである．タバコは百発百中で癌を起こすの

ではなく，単にそのリスクを高めるにすぎない．例えば，年齢も生活習慣も同じ2人がいる．違うのは，1人はタバコを吸い，もう1人は吸わないことだけ．こんなとき，タバコを吸わない人が癌になってしまい，吸う人のほうは無病息災で過ごす‥‥ということもあり得る．リスクとはそういうものなのだ．同様に，東京という都市がなければ，もしかすると練馬豪雨は起きなかったかもしれないが，その代わり別の日に（実際には雨が降らなかった日に）「ゲリラ豪雨」が起きてしまうということもあり得るだろう．

癌に対するタバコのリスクを実証する決め手になるのは，たくさんの人を対象にした疫学的，すなわち統計的な調査である．タバコを吸う人と吸わない人をそれぞれ何百，何千人ずつ選び，年齢や食習慣，生活習慣などの条件をそろえた上で，癌の発症率を調べる．その結果，発症率に統計学的に有意な差があれば，タバコの関与が裏づけられる．同じように，都市と大雨の関連を実証するためには，たくさんの事例を対象にした統計的な手法が欠かせない．

以上のことを念頭に置き，次節では統計的なアプローチによるものを中心にして都市降水の研究について紹介していこう．

コラム17 ◆ ラポート論争

今では伝説になったかもしれないが，1970年ごろにアメリカで都市化の影響をめぐる論争があった．

ラポート（La Porte）はインディアナ州にある人口2万の都市で，シカゴ南部の工業地域の50 km東にある．ここの降水量が1930年代半ばから多くなった．ちょうど工業活動が活発になったのと時期が同じであることから，その間に因果関係があるのではないか，という説が出た．これに対し，観測誤差ではないか，観測環境の変化ではないか，大気大循環の変化の影響ではないか‥‥といった反論があり，論争がくり返された．ラポートの降水量は1965年ごろから元の水準に戻っており，そのことも工業化の影響に疑問を持たせる理由の1つになった．この論争の詳しい内容は原田 朗氏が紹介している［55］．

その後，この論争ははっきりした決着がないまま立ち消えになったよ

うである.肯定論・否定論ともに決定打がなかったということだろうが,これ以降メトロメックス(次節参照)などの大がかりな研究によって都市の気象についての詳しいデータが得られたことも,論争が下火になった背景にあるのではないだろうか.ただ,ラポートの変化がもし工業化のせいなら,なぜ工業地域から50 kmも離れたラポートにだけ変化が現れたのか,また,なぜ1965年ごろからもとに戻ったのかについての説明がほしいところで,筆者個人としてはその因果関係について懐疑的にならざるを得ない.なお,肯定派のチャンノン(S. A. Changnon)は1965年からの減少について,大気大循環の変化が関わった可能性を述べている[76].

◆◇◆ 9.3 都市の降水変化の実例とメカニズム ◆◇◆

前節で触れたように,夏の都市の対流性降水にはアメリカの研究例が多い.1970年代にはミズーリ州セントルイスでメトロメックス(METROMEX)と

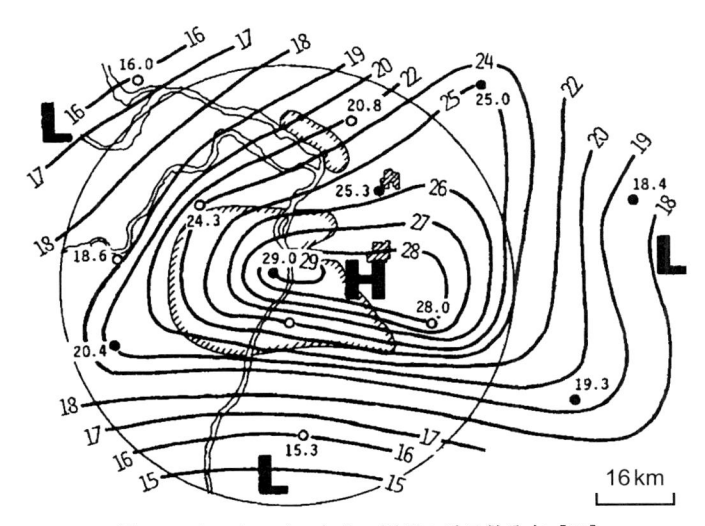

図9.3 セントルイスとその周辺の雷日数分布[77]
1973〜1975年の6〜8月の総日数.斜線で囲んだ範囲が都市域で,●は雷の自動観測点,○は一般の観測点を表す.H, Lはそれぞれ日数が多い地域と少ない地域を表す.

いう都市気象の観測プロジェクトが行われ，そこでは昼間のヒートアイランドの特徴や，その降水への影響が中心テーマになった [77]．図9.3はセントルイス周辺の降水量と雷日数の分布を示したもので，都市の北東側あるいは東側で降水量や雷の頻度が高い [77]．なぜ北東〜東側かと言うと，この地域に強い降水をもたらす積雲や積乱雲は上空の南西風〜西風に流されて北東あるいは東の方向へ動くからであり[5]，雲が都市上空を通るときに何らかの作用を受けて発達を促され，都市を少し過ぎたところで最盛期になると説明されている．時刻別に見ると，都市の北東〜東側の降水増加は午後に目立つ．

セントルイスがメトロメックスの観測地になったのは，まわりの地形が単純で，都市の影響を調べるのに適すると考えられたからである．その後，雷探知システムなどを使ってアメリカの他の都市を対象にした研究も行われ，多くの都市でその東側に，午後を中心として落雷が多いことが見出された [108]．この研究結果に対しても議論があったが，アメリカの都市の東側で降水や雷の多い傾向があるのは事実と言えそうである．

では，なぜ都市があると対流性の雨や雷が増えるのだろう？ 地球温暖化の場合と違い，都市化が進むと水蒸気量はむしろ少なくなる（4.3節参照）．したがって，都市の対流性降水を増やす働きとしては，水蒸気量の変化よりも，積雲・積乱雲を作る作用の強化のほうが重要なはずである．では，ヒートアイランドは雲の発生・発達にとってどのような作用をするのだろうか？

山地では，夏の午後ににわか雨や雷雨がよく起きる．そのようなときのレーダー画像を見ていると，まず尾根づたいに点々と降水が起きることが多い．これには谷風による水蒸気の輸送が大きく関わっている [27]．6.2節で述べたように，晴れた日の昼間には平地や谷間から尾根へ向かって谷風が吹く．一般に水蒸気量は上空へ行くほど少なくなるのだが，谷風は水蒸気の多い下層の空気を尾根の上空へくみ上げる働きをする．これによって尾根の上空は水蒸気量が増し，雲ができやすい状態になる．実際，山地では昼間に上空の水蒸気量が増加することが，ゾンデ観測やGPS衛星によるデータなどから確かめられている [29, 37]．

都市でも，同じようなメカニズムがあるのではないだろうか？ 都市の場合は，ヒートアイランド循環による上昇気流が水蒸気をくみ上げる働きをするも

のと考えられる．これによって都市の上空が湿り，雲ができやすくなることがあってもおかしくないだろう[6]．しかし，本当に都市の上空が湿っているのかどうかについてはまだ実証が足りない．練馬豪雨については，GPSデータなどを使った解析から，東京上空がその発生に先立って水蒸気の多い状態になっていたことをうかがわせる結果が得られている［105］．また，積乱雲ができるときレーダーに最初に映る降水（ファーストエコー）が，東京では他の場所よりも高い位置に現れる傾向がある［99］．これらは東京上空の湿りを示唆するが，今後さらに検証を進めていく必要がある．

　もう1つ，ヒートアイランドよって雲が発生しやすいと考えられる理由として，都市地表面の加熱の強さがある．そもそも晴れた日の昼間の積雲は，混合層内の対流によって地上の空気が持ち上げられ，断熱冷却して凝結することがきっかけでできる．都市は加熱が強く，対流がより高いところまで及ぶため，積雲ができやすいことが期待できる．図9.4は，それぞれのメカニズムを図式化したものである．

　上記のほか，都市が障壁の働きをして上昇気流ができ，それが雲を発達させるという見方もある．都市は多くの建物があるため乱流が強く，それが作り出す摩擦力によって風が弱まる結果，ちょうど山に風が当たって山岳性降水が起きるのと似た原理で降水の増幅を起こすという考え方である．アメリカのように，広い平原の中に島のような形で都市がある状態を思うと，そのような作用がありそうな気がしてくる．しかし，建物群による障壁効果がどのぐらい降水に影響するのか，実証的な研究が求められる．

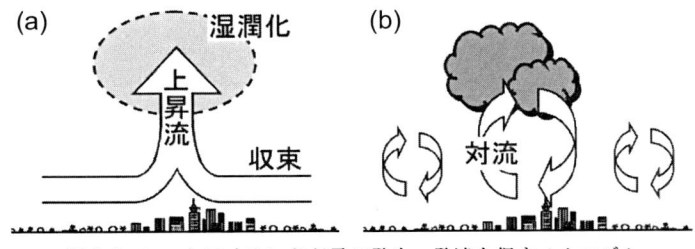

図9.4 ヒートアイランドが雲の発生・発達を促すメカニズム

◆◇◆ 9.4　東京とその周辺の降水活動に対する都市の効果 ◆◇◆

　前述のように，アメリカの平原上の都市では，その北東〜東側で夏の対流性降水が多い傾向がわりにはっきりしている．それなら日本でも，と思いたいところだが，日本はアメリカと比べて地形が複雑で，都市の効果が見えにくいという事情がある．アメリカでも，シカゴのように東側が海や湖になっている都市では雷の増加傾向が認められず，その理由として湖面が陸地に比べて冷たいため雲が発達しにくいことが挙げられている［108］．日本は台風や梅雨前線など，海から大量の水蒸気が流れ込んで雨を降らせる現象が多く，このことも都市の効果が目立ちにくい要因になる．

　とは言え，晴れた日の昼間にできる積雲については，都市の影響を示す明確な証拠が首都圏を対象にした研究によって見つかっている［90］．図9.5(a)は，NDVI（正規化植生指数）と言って，人工衛星から見た地表の緑被率を示したものである[7]．東京から周囲へ放射状にNDVIの小さい地域，すなわち植生の少ない地域が延びている．これは鉄道沿線の市街地である．図9.5(b)は11年間の暖候期について，人工衛星データから求めた積雲の雲量の分布である．NDVIの小さい地域で積雲の多い傾向がある．両者はかなり細かいところまで対応しており，東京の北側を見ると，高崎線だけでなく，東武伊勢崎線，常磐

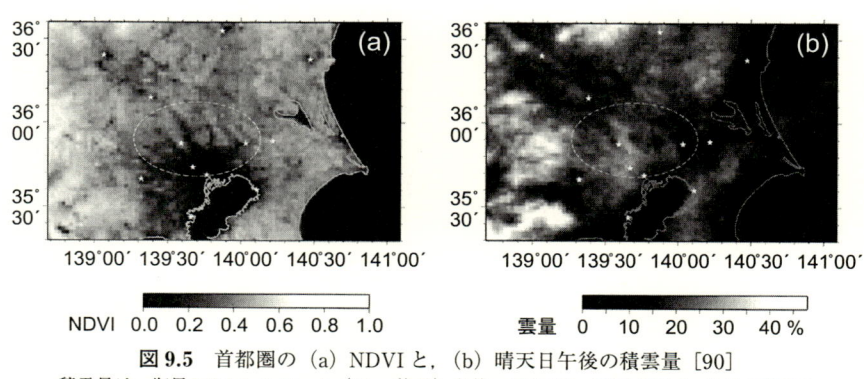

図9.5　首都圏の (a) NDVI と，(b) 晴天日午後の積雲量［90］．
積雲量は，衛星 NOAA のデータ（1 km 格子）を使って1990〜2000年の7〜8月の晴天日328日間の積雲量を集計したもの．

線，武蔵野線，東武野田線などに対応する多雲量域を認めることができる．ここまで細かく合っていれば疑う余地はなく，市街地で積雲の発生が多い傾向が確認できたと言えよう[8]．

しかし，図9.5に表された積雲は晴れた日にできる比較的低い雲が主であり，これがそのまま雨を降らせるわけではない．前述のように，東京の強い雷雨の多くは前線や北関東の積乱雲群など，広域の大気現象の一環として起きる．では，東京の降水に対して都市化はどのように影響しているのだろうか．

コラム18 ◆ 環八雲

ひところ，東京の西郊に現れる「環八雲」が話題になった．環八雲とは，南北に通る環状8号線道路の上空にできる積雲列であり，その成因をめぐって都市の影響が論じられた．

その後の研究により，環八雲は夏型の気圧配置の日に現れ，そこは東京湾から吹く南東〜南南東の海風と相模湾から吹く南寄りの海風が収束する場所であることが明らかになった［5］．また，飛行機やゾンデを使った観測も行われ，雲層は1000〜1500mぐらいの高さに限られること，時として複数の雲列（例えば3列）からなることが示されている［11］．

2方向の海風が収束するところで積雲ができることは，一般によくあることで，その限りでは環八雲は自然現象という性格を持つ．一方，数値気象モデルを使ったシミュレーションによると，都市が存在することによって環八雲に対応する雲の量が増える傾向があり，ヒートアイランドの関わりも否定できない［15］．環八雲を正しく理解するためにはこの両面に目を向け，雲の形成に関わる諸要因の寄与を見定める必要がある．この点，環八雲の成因についてヒートアイランドの影響という側面ばかりが強調される傾向を感じずにはいられない．

なお，図9.5(b)には環八雲らしいものは見られない．これは環八雲が小さく，かつ，できる場所が日によって少しずつ変わるため，統計解析では捕捉できなかったためではないかと思う．また，環八雲は薄い雲であり，雨雲とは無関係である．環八雲と「ゲリラ豪雨」の関連を述べた資料があるが，根拠はない．

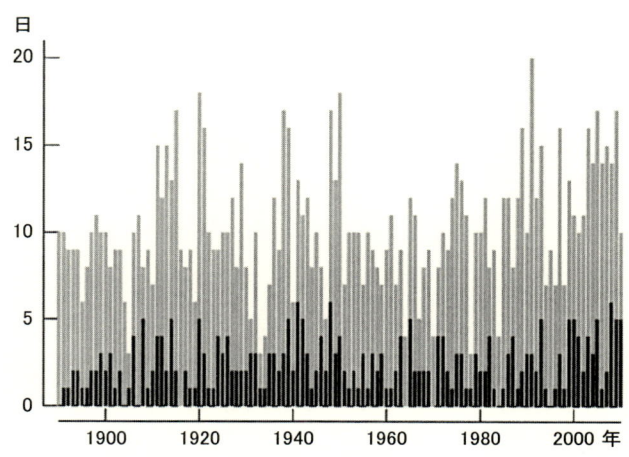

図 9.6 東京で1時間に10 mm 以上（灰色）および20 mm 以上（黒）の降水が観測された日数の経年変化（1890〜2010年）

東京では1890年から120年以上にわたって1時間ごとの降水量データが得られている．このデータを使って，1時間に10 mm 以上および20 mm 以上の降水が観測された日数の変化を見たのが図9.6である．日数は年によって変動しているが，全体としては増える傾向にあり，増加率は10 mm 以上，20 mm 以上の日数ともに危険率5％で有意である．ただし，図9.6の中には台風などによる降水も含まれており，増加傾向が都市化によるものとは必ずしも言えない．

図9.4のメカニズムが最も強く働くのは晴れた日の午後〜夕方に起きる短時間の降水であろう．そこで，短時間降水に的を絞ってその長期変化を調べてみると，春〜夏の夕方を中心とした増加傾向が確認される（図9.7）[85]．これはヒートアイランドが春〜夏の午後の降水を増やす効果を持つことと矛盾しない．しかし，他の季節や時間帯，また短時間に限らない降水一般については，増加傾向は見られない．この点で，ヒートアイランドによる降水増加の作用はわりに限定的なものであることがうかがえる．

数値気象モデルを使ったシミュレーションでも，統計的な手法を取り入れた研究が行われるようになった．筑波大学の日下博幸氏らは，8年間の8月，すなわち248日間を対象にし，数値気象モデルの都市版と草地版を用意して首都圏の降水分布を計算した[101]．前述のように，計算結果は日により，また計

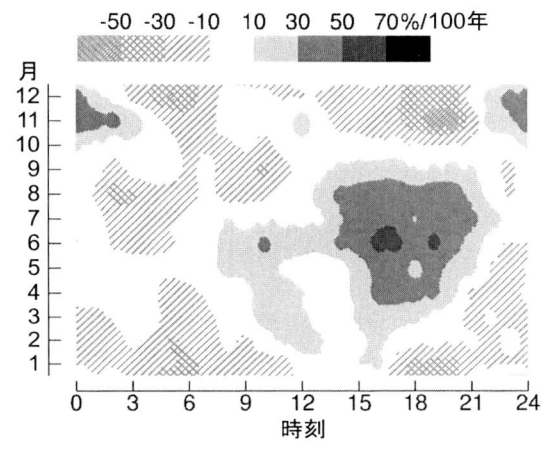

図 9.7 東京の非継続的降水（前6時間降水量が1mm未満であるときの降水）の経年変化率（1890〜2008年）Fujibe et al. [85] の Fig. 2 による．

算条件[9]の与え方によってもいろいろに変わるが，8年間のすべての計算結果を合算すると，都市版のほうが草地版よりも東京23区付近の降水量が10〜20%多かった．これは，都市が降水量を増加させる有力な証拠と言えよう．もっとも，都市版と草地版の間には，北関東や太平洋上の降水分布にも差がある．これが，東京の都市化が遠方の降水分布に影響していることを意味するのか，それとも8年間の248日間を平均してもまだ気候学的に意味のない「ノイズ」が消えないのか，さらなる確認が望まれる[10]．

障壁効果による降水の増幅（9.3節参照）についても，きちんとした解明を待ちたい．東京都などが設置した密な雨量計のデータを調べた結果によると，新宿副都心の風下側で強い降水が多発していて，高層ビルの影響が考えられるという [43]．これは興味深い研究成果だが，自然の起伏が多い日本の都市で，建物による気流の変化が降水活動にどこまで目に見える影響を与え得るのか，見極めていく必要があるだろう．

コラム 19 ◆ 都市の微雨

かつては都市気候の特徴の1つとして，微雨の多さが挙げられていた．微雨というのは公式の用語ではないが，霧雨のような弱い雨のことである．図9.8は，1943年の微雨日数（降水量0.1mm以上1mm未満の日数）の分布を示したもので，東京の都心部で微雨日数の多いことがわかる［42，73］．しかし年間の総降水量にはこのような傾向は見られない．

当時は東京で霧が多かった時期であり，微雨の多さには大気汚染による凝結核の供給が関わっていたかもしれない．今は霧日数が大幅に減少し，微雨も減ったのではないかと思うが，降水量の観測単位が0.5mm単位になった（8.5節参照）こともあり，データによる確認は難しい．

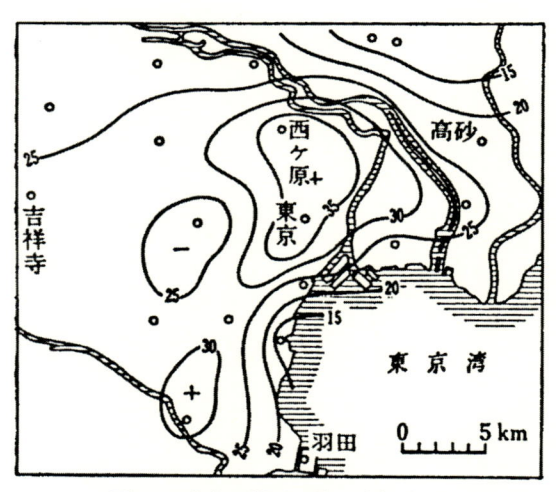

図9.8 東京の微雨日数の分布［73］
1943年．『都市気候学』［42］による．

◆◆ 注 ◆◆

1) ただ，練馬豪雨のときは鹿島灘からの東風が比較的弱く，この点は東京の雷雨日の典型的な状況とは少し違っていた．

2）「層状性の雲」と同義.
3）「都市型豪雨」という言葉があるが，都市で降る集中豪雨に特別の「型」があるという証拠はない．都市の豪雨も農村地帯の豪雨も，発達した積乱雲やその集団が起こすことに変わりはないからである．「都市の「ゲリラ豪雨」はあまりにも狭い範囲に急に降ってくる，これは都市特有の現象ではないか」という声も聞くが，昔から「青天の霹靂」とか「夕立は馬の背を分ける」という言葉があるように，積乱雲の雨はしばしば突発性や局地性が強いものなのだ．大雨でマンホールから水があふれる，地下室が水没する等々は，たしかに都市に特有のことであるが，これは気象ではなく災害形態の問題であって，「都市型豪雨災害」とか「都市型水害」と言うべきである．
4）地球の気候変動の予測結果も，使われるモデルによって異なる．しかし，今後地球が温暖化に向かう点ではすべてのモデル結果が一致していて，違うのは気温上昇の大きさである．IPCCの報告書に書かれている将来の気候予測（2.3節参照）は，モデルによる計算結果の違いその他の不確定要素を十分考慮し，信頼性の範囲を見定めた上で採用されたものである．
5）この意味で，雲の移動方向（今の場合，東〜北東側）を「風下側」(downwind)と言うことがある．地上風の風下ではなく，雲を移動させる上空の風の下流側という意味である．
6）このメカニズムについて，都市は水蒸気量が少ないはずだが？ という疑問が持たれるかも知れない．しかし，都市の水蒸気量が少ないというのは，周囲（郊外）に比べてのことであり，上空の水蒸気はもっと少ないのが普通である．そのため，都市に上昇気流ができれば，上空の湿潤化が期待される．
7）NDVI（normalized difference vegetation index；正規化植生指数）とは，人工衛星から地表を見たときの赤い光と近赤外光の強さ（反射強度）の差から算出されるもので，地表の植生量の指標として広く使われている．植物は赤い光をほとんど反射しないが，近赤外光はよく反射するという性質を利用している．
8）この研究結果の場合，市街地で雲量が多いのは図9.4(b)のメカニズム，すなわち混合層の発達が主因であろう．と言うのは，市街地と雲量の分布が細かく対応し，場所ごとの地表圏状態の違いが雲量の違いに反映していると考えられるからである．一方，もう少し大きいスケールの雲や降水の変化に対しては，図9.4(a)のメカニズムも寄与する可能性がある．なお，図9.5を見ると東京23区は市街地なのに雲量が少ないが，これは東京湾から吹く海風によって混合層の発達が抑えられるためである．
9）数値シミュレーションの言葉で言うと，初期値や境界値．日下氏らは数種類の解析値から初期値・境界値をとり，計算結果のアンサンブル（統計処理）

を行っている．なお，文献［101］の計算対象は7年間213日で，その後1年分の計算結果が追加された．

10) 練馬豪雨が都市の影響によって起きたかどうかは，「答の出ない質問だ」と前に書いた．しかし，数値モデルと統計的な方法を組み合わせることによって，練馬豪雨に匹敵する大雨が起きる確率を見積もり，その確率が都市の有無によってどの程度違うかを評価することはできるかもしれない．筆者はまだそのような研究例を見たことはないが，いずれにしても，都市と豪雨との因果関係は決定論的な視点ではなく，リスクすなわち確率という観点から考えるべきである．

参 考 文 献

☆は2012年2月現在インターネットで公開されているもの．

下記のほか，「気象要覧」は中央気象台・気象庁から毎月発行（2002年までで廃止），『気象年鑑』は気象業務支援センター（2000年までは大蔵省印刷局，2001，2002年は財務省印刷局）から毎年発行されている．

[1]　朝倉　正，1985：気候変動と人間社会．岩波書店，214pp．
[2]　浅見泰造，1980：成田空港におけるある夏の日の気温分布．東管技術ニュース第58号，45-48．
[3]　荒川秀俊，1955：気候変動論．地人書館，82pp．
[4]☆礒野謙治，1972：雲物理学．物性研究，**18**，268-286．
[5]☆糸賀勝美・甲斐憲次・伊藤政志，1998：環八雲が発生した日の気候学的特徴―1989-1993年8月の統計解析―．天気，**45**，259-268．
[6]☆上里　至・伊藤政志・熊本真理子・茂林良道・中村雅道，2008：ラジオゾンデの歴史的変遷を考慮した気温トレンド（第1報）．高層気象台彙報第68号，15-22．
[7]　上村武男，2011：災害が学校を襲うとき―ある室戸台風の記録．創元社，159pp．
[8]　江守正多，2008：地球温暖化の予測は「正しい」か？―不確かな未来に科学が挑む．化学同人，238pp．
[9]　オーク，T. R. 著，斎藤直輔・新田　尚訳，1981：境界層の気候．朝倉書店，324pp．（Oke, 1978：*Boundary Layer Climates*. Methuen, 372pp.）
[10]　奥田　穣，1981：明治29年9月4〜11日の大雨について．災害の研究，**12**，29-38．
[11]☆甲斐憲次・浦　健一・河村　武・朴（小野）恵淑，1995：東京環状八号線道路付近の上空に発生する雲（環八雲）の事例解析―1989年8月21日の例―．天気，**42**，417-427．
[12]☆笠原真吾，2010：雷ナウキャストの提供開始．天気，**57**，847-852．
[13]　河村　武，1977：海陸風の気候．南関東大気環境調査報告書1，気象庁，46-52．
[14]☆神田　学・高柳百合子・横山　仁・森脇　亮，1997：銀座オフィスビル街における熱収支特性．水文・水資源学会誌，**10**，329-336．

[15]☆神田　学・井上裕史・鵜野伊津志，2000："環八雲"の数値シミュレーション．天気，**47**，83-96．
[16]☆菊地勝弘，1974：南極昭和基地における雲物理学的研究．天気，**21**，496-506．
[17]　気象庁，1975：気象百年史．気象庁，740pp．
[18]☆気象庁，1998：気象観測の手引き．気象業務支援センター，81pp．
[19]☆気象庁，2005：異常気象レポート2005．気象庁，374pp．
[20]☆気象庁，2005：ヒートアイランド監視報告（平成16年夏季・関東地方）．気象庁，25pp．
[21]☆気象庁，2005：地球温暖化予測情報 第6巻．気象庁，48pp．
[22]☆気象庁，2008：地球温暖化予測情報 第7巻．気象庁，59pp．
[23]☆気象庁，2011：気候変動監視レポート2010．気象庁，97pp．
[24]　気象庁統計課，1965：観測法・統計法の変更の影響を受けた気候統計値を均質化する方法．気象庁技術報告第38号，4-97．
[25]　気象庁統計課・東京管区気象台，1964：東京都60年間の異常気象（1901～1960年）．気象庁技術報告第32号，199pp．
[26]　気象庁統計室・測候課，1984：JMA-80型地上気象観測装置の導入に伴う比較観測の結果について．測候時報，**51**，347-366．
[27]☆木村富士男，1994：局地風による水蒸気の水平輸送—晴天日における日照時間の地形依存性の解析—．天気，**41**，313-320．
[28]　木村富士男・足立幸穂，2010：晴天日における局所的高温現象の再現．日本気象学会大会講演予稿集第98号，277．
[29]☆木村富士男・谷川亮一・吉﨑正憲，1997：関東北部の山岳地における晴天日の可降水量の日変化．天気，**44**，799-807．
[30]☆栗田秀實・植田洋匡・光本茂記，1988：弱い傾度風下での大気汚染の長距離輸送の気象学的構造．天気，**35**，23-35．
[31]☆栗原宜夫，1958：月日別気候統計に現われた特異日について．天気，**5**，251-255．
[32]　近藤純正，2000：地表面に近い大気の科学．東京大学出版会，336pp．
[33]　近藤純正，2012：日本の都市における熱汚染量の経年変化．気象研究ノート第224号，25-56．
[34]☆近藤洋輝，2011：日本における地球温暖化研究の意義と課題～科学的知見と社会のかかわり～．天気，**58**，101-116．
[35]　近藤洋輝，2009：地球温暖化予測の最前線．成山堂書店，258pp．
[36]☆財城真寿美，2011：データレスキュー．天気，**58**，173-175．
[37]☆佐々木太一・木村富士男，2001：GPS可降水量からみた関東付近における夏期静穏日の水蒸気量の日変動．天気，**48**，65-74．

[38]　島田守家，1979：明治35年9月28日の台風．東管技術ニュース第57号，11-14．
[39]☆菅原広史・成田健一・三上岳彦・本條　毅・石井康一郎，2006：都市内緑地におけるクールアイランド強度の季節変化と気象条件への依存性．天気，53，393-404．
[40]☆関口　武，1970：都市気候学．天気，17，89-96．
[41]　大後美保，1957：天候ノイローゼ．講談社，228pp．
[42]　大後美保・長尾　隆，1972：都市気候学．朝倉書店，214pp．
[43]☆高橋日出男・中村康子・鈴木博人，2011：東京都区部における強雨頻度分布と建築物高度の空間構造との関係．地学雑誌，120，359-381．
[44]☆瀧下洋一，2010：竜巻発生確度ナウキャストの提供開始．天気，57，805-810．
[45]　武田喬男・上田　豊・安田延壽・藤吉康志，1992：水の気象学．東京大学出版会，185pp．
[46]☆但野裕太・田　少奮・山川修治，2006：日本の山岳測候所における気温・湿度の長期変動．日本大学文理学部自然科学研究所研究紀要第41号，233-238．
[47]　中央気象台，1935：室戸台風調査報告．中央気象台彙報第9冊，606pp．
[48]　東京管区気象台編，1957：東京都の気候．気象協会，565pp．
[49]☆中井専人・横山宏太郎，2009：降水量計の捕捉損失補正の重要さ―測器メタデータ整備の必要性―．天気，56，69-74．
[50]☆中川清隆，2011：わが国における都市ヒートアイランド形成要因，とくに都市ヒートアイランド強度形成要因に関する研究の動向．地学雑誌，120，255-284．
[51]　中島映至・早坂忠裕編，2008：エアロゾルの気候と大気循環への影響．気象研究ノート第218号，日本気象学会，178pp．
[52]☆中津留高広・林　陽生・上野健一・植田宏昭・辻村真貴・浅沼　順・日下博幸，2011：筑波山（男体山）の過去100年間における気温の長期変化．天気，58，1055-1061．
[53]☆成田健一・菅原広史，2011：都市内緑地の冷気のにじみ出し現象．地学雑誌，120，411-425．
[54]　畠山久尚・高橋浩一郎，1944：異常気象覚書．地人書館，249pp．
[55]　原田　朗，1982：大気の汚染と気候の変化．東京堂出版，223pp．
[56]　彦根地方気象台・滋賀県防災気象連合会，1966：滋賀県災異誌．滋賀県・彦根地方気象台・滋賀県防災気象連合会，222pp．
[57]☆ヒートアイランド現象における人工排熱に関する調査検討委員会（委員長：村上周三），2004：平成15年度 都市における人工排熱抑制によるヒートアイランド対策調査報告書．国土交通省・環境省，165pp．

参 考 文 献

[58] ☆福井英一郎・和田憲夫, 1941：本邦の大都市に於ける気温分布. 地理学評論, **17**, 354-372.
[59] ☆藤部文昭, 1998：関東内陸域における猛暑日数増加の実態と都市化の影響についての検討. 天気, **45**, 643-653.
[60] ☆藤部文昭, 1999：日最低・最高気温の統計値における日界変更の影響. 天気, **46**, 819-830.
[61] ☆藤部文昭, 2000：日最低・最高気温の階級別日数（冬日・熱帯夜など）における日界変更の影響. 天気, **47**, 245-253.
[62] ☆藤部文昭, 2004：日本における近年の著しい夏季高温の発生状況. 地理学評論, **77**, 119-133.
[63] ☆藤部文昭, 2010：極端豪雨の再現期間推定精度に関する検討. 天気, **57**, 449-461.
[64] 藤部文昭, 2012：観測データから見た日本の都市気候. 気象研究ノート第224号, 1-23.
[65] ☆藤部文昭・坂上公平・中鉢幸悦・山下浩史, 2002：東京23区における夏季高温日午後の短時間強雨に先立つ地上風系の特徴. 天気, **49**, 395-405.
[66] ☆松井宏之, 2006：観測測器の更新により生じた気象官署での観測気温の差について. 水文・水資源学会誌, **19**, 496-502.
[67] ☆三谷一郎, 1961：東京の濃煙霧日数についての考察. 天気, **8**, 156-159.
[68] 宮澤清治・日外アソシエーツ共編, 2008：台風・気象災害全史. 日外アソシエーツ, 480pp.
[69] ☆持田 灯・石田泰之, 2009：風の道. 天気, **56**, 571-573.
[70] 吉門 洋・水野建樹・近藤裕昭・北林興二・下形茂雄・山本 晋, 1993：大都市域上空における汚染物質輸送の観測的研究. 資源環境技術総合研究所報告第6号, 136pp.
[71] 吉﨑正憲・加藤輝之, 2007：豪雨・豪雪の気象学（応用気象学シリーズ4）. 朝倉書店, 196pp.
[72] 吉野正敏, 2010：地球温暖化時代の異常気象. 成山堂書店, 208pp.
[73] ☆吉野正敏, 1957：東京都区内における雨の分布と微雨日数の増加. 天気特別号, 日本気象学会創立75周年記念論文集, 121-125.
[74] 力武常次・竹田 厚監修, 1998：日本の自然災害. 国会資料編纂会, 637pp.
[75] 和達清夫・倉嶋 厚, 1974：雨・風・寒暑の話. 日本放送出版協会, 235pp.
[76] ☆Changnon, S. A. Jr., 1980：More on the La Porte anomaly：A review. *Bull. Am. Meteorol. Soc.*, **61**, 702-711.
[77] Changnon, S. A. Jr. ed., 1981：METROMEX：A review and summary. *Meteorol. Monogr.*, **40**, 181pp.

[78]☆Das, L., J. D. Annan, J. C. Hargreaves and S. Emori, 2011：Centennial scale warming over Japan：Are the rural stations really rural? *Atmos. Sci. Lett.*, **12**, 362-367.

[79]☆Fujibe, F., 1996：Boundary layer features of the 1994 hot summer in Japan. *J. Meteorol. Soc. Jpn.*, **74**, 259-272.

[80]☆Fujibe, F., 2003：Long-term surface wind changes in the Tokyo metropolitan area in the afternoon of sunny days in the warm season. *J. Meteorol. Soc. Jpn.*, **81**, 141-149.

[81]☆Fujibe, F., 2009：Relation between long-term temperature and wind speed trends at surface observation stations in Japan. *SOLA*, **5**, 81-84.

[82] Fujibe, F., 2010：Day-of-the-week variations of urban temperature and their long-term trends in Japan. *Theor. Appl. Climatol.*, **102**, 393-401.

[83] Fujibe, F., 2011：Urban warming in Japanese cities and its relation to climate change monitoring. *Int. J. Climatol.*, **31**, 162-173.

[84]☆Fujibe, F. and T. Asai, 1984：A detailed analysis of the land and sea breeze in the Sagami Bay area in summer. *J. Meteorol. Soc. Jpn.*, **62**, 534-551.

[85]☆Fujibe, F., H. Togawa and M. Sakata, 2009：Long-term change and spatial anomaly of warm season afternoon precipitation in Tokyo. *SOLA*, **5**, 17-20.

[86]☆Fujibe, F., N. Yamazaki and K. Kobayashi, 2006：Long-term changes of heavy precipitation and dry weather in Japan (1901-2004). *J. Meteorol. Soc. Jpn.*, **84**, 1033-1046.

[87]☆Fujibe, F., N. Yamazaki and M. Katsuyama, 2005：Long-term trends in the diurnal cycles of precipitation frequency in Japan. *Pap. Meteorol. Geophys.*, **55**, 13-19.

[88]☆Hahn, C. J., S. G. Warren and J. London, 1995：The effect of moonlight on observation of cloud cover at night, and application to cloud climatology. *J. Clim.*, **8**, 1429-1446.

[89] Hill, F. F., K. A. Browning and M. J. Bader, 1981：Radar and raingauge observations of orographic rain over south Wales. *Q. J. R. Meteorol. Soc.*, **107**, 643-670.

[90] Inoue, T. and F. Kimura, 2004：Urban effects on low-level clouds around the Tokyo metropolitan area on clear summer days. *Geophys. Res. Lett.*, **31**, L05103, doi：10.1029/2003GL018908.

[91]☆IPCC, 2001：Climate Change 2001：The Scientific Basis. Contribution of Working Group I to the Third Assessment Report of the IPCC, J. T. Houghton *et al.* eds., Cambridge University Press, New York, 881pp.

[92] ☆IPCC, 2007：Climate Change 2007：The Physical Science Basis. Contribution of Working Group I to the Fourth Assessment Report of the IPCC, S. Solomon *et al.* eds., Cambridge University Press, New York, 1056pp.（気象庁訳，2007：気候変動に関する政府間パネル第4次評価報告書第1作業部会の報告，政策決定者向け要約．www.data.kishou.go.jp/climate/cpdinfo/ipcc/ar4/index.html）

[93] ☆IPCC, 2008：Climate Change 2007：Impacts, Adaptation and Vulnerability. Contribution of Working Group II to the Fourth Assessment Report of the IPCC, M. L. Parry *et al.* eds., Cambridge University Press, New York, 986pp.

[94] ☆Jones, P. D. and D. H. Lister, 2009：The urban heat island in Central London and urban-related warming trends in Central London since 1900. *Weather*, **64**, 323-327.

[95] ☆Kim, K.-Y., R. J. Park, K.-R. Kim and H. Na, 2010：Weekend effect：Anthropogenic or natural? *Geophys. Res. Lett.*, **37**, L09808, doi：10.1029/2010GL043233.

[96] ☆Kimoto, M., N. Yasutomi, C. Yokoyama and S. Emori, 2005：Projected changes in precipitation characteristics around Japan under the global warming. *SOLA*, **1**, 85-88.

[97] ☆Kitabatake, N., 2008：Extratropical transition of Typhoon Tokage (0423) and associated heavy rainfall on the left side of its track over western Japan. *Pap. Meteorol. Geophys.*, **59**, 97-114.

[98] ☆Kitada, T., K. Okamura and S. Tanaka, 1998：Effects of topography and urbanization on local winds and thermal environment in the Nohbi Plain, coastal region of central Japan：A numerical analysis by mesoscale meteorological model with a k-ε turbulence model. *J. Appl. Meteorol.*, **37**, 1026-1046.

[99] ☆Kobayashi, F., M. Imai, H. Sugawara, M. Kanda and H. Yokoyama, 2009：Generation of cumulonimbus first echoes in the Tokyo Metropolitan Region on mid-summer days. Proceedings of the Seventh International Conference on Urban Climate, 29 June-3 July 2009, Yokohama, B12-5.

[100] ☆Kusaka, H., F. Kimura, H. Hirakuchi and M. Mizutori, 2000：The effects of land-use alteration on the sea breeze and daytime heat island in the Tokyo Metropolitan area. *J. Meteorol. Soc. Jpn.*, **78**, 405-420.

[101] ☆Kusaka, H., F. Kimura, K. Nawata, T. Hanyu and Y. Miya, 2009：The chink in the armor：Questioning the reliability of sensitivity experiments in determining urban effects on precipitation patterns. Proceedings of the

Seventh International Conference on Urban Climate, 29 June–3 July 2009, Yokohama, B12-2.

[102] ☆Kusunoki, S., R. Mizuta and M. Matsueda, 2011 : Future changes in the East Asian rain band projected by global atmospheric models with 20-km and 60-km grid size. *Clim. Dyn.*, **37**, 2481–2493.

[103] ☆Kuwagata, T. and M. Sumioka, 1991 : The daytime PBL heating process over complex terrain in central Japan under fair and calm weather conditions Part III : Daytime thermal low and nocturnal thermal high. *J. Meteorol. Soc. Jpn.*, **69**, 91–104.

[104] ☆Peterson, T. C., W. M. Connolley and J. Fleck, 2008 : The myth of the 1970s global cooling scientific consensus. *Bull. Am. Meteorol. Soc.*, **89**, 1325–1337.

[105] ☆Seko, H., Y. Shoji and F. Fujibe, 2007 : Evolution and air flow structure of a Kanto thunderstorm on 21 July 1999 (the Nerima heavy rainfall event). *J. Meteorol. Soc. Jpn.*, **85**, 455–477.

[106] ☆Seko, K. and T. Takeda, 1987 : Radar-echo structure of a quasi-steady heavy rain storm. *Natl. Disaster Sci.*, **9**(2), 23–37.

[107] Takane, Y. and H. Kusaka, 2011 : Formation mechanisms of the extreme high surface air temperature of 40.9℃ observed in the Tokyo Metropolitan Area : Considerations of dynamic foehn and foehn-like wind. *J. Appl. Meteorol. Climatol.*, **50**, 1827–1841.

[108] ☆Westcott, N. E., 1995 : Summertime cloud-to-ground lightning activity around major Midwestern urban areas. *J. Appl. Meteorol.*, **34**, 1633–1642.

[109] Yamamoto, G., 1957 : Estimation of additional downward radiation from aerosols over large cities. *J. Meteorol. Soc. Jpn.*, 75th Anniversary Volume, 1–4.

[110] Yamashita, S., K. Sekine, M. Shoda, K Yamashita and Y. Hara, 1986 : On relationships between heat island and sky view factor in the cities of Tama River basin, Japan. *Atmos. Environ.*, **20**, 681–686.

[111] ☆Yoshikado, H., 1992 : Numerical study of the daytime urban effect and its interaction with the sea breeze. *J. Appl. Meteorol.*, **31**, 1146–1164.

おわりに

　2010年の夏ごろ，気象研究所の同僚で本シリーズ編者の斉藤和雄博士から猛暑・豪雨・都市気候の変動の実態をテーマにした本を書かないかと誘われ，気軽にお引き受けした．しかし，いざ書き始めてみると知識の不足や理解のあやふやさを思い知らされることになった．都市と言いながら大半が首都圏の話題になってしまったのも，筆者の不勉強によるものであり，読者の皆さまのご叱正を待つばかりである．

　本書の素稿がほぼでき上がっていた2011年3月11日に，東北地方太平洋沖地震（東日本大震災）が起きた．津波が防潮堤をやすやすと乗り越えて町を破壊する様子を見たとき，自然の力の大きさと予測不可能性を改めて知るとともに，防災技術の無力さを感じた．その一方，それらの防潮堤がなかったらもっと被害が大きかったはずだという専門家の意見が印象に残っている．明治と昭和の大津波で被災した先人の教えに従い，高台に家を建てて被害を免れた集落もあったという．科学技術が進んだ現代においても，過去の災害を教訓とした防災手段を講ずることは決して無意味ではない．本書は昔話が多すぎると思われるかもしれないが，将来起こり得る気候変動や巨大な気象災害に備え，過去の風水害や環境問題を今一度振り返ってみるのも無駄ではないだろう．本書が気候変動や災害への対応にとっていくらかでも参考になれば幸いである．

　本書の素稿に対しては，元気象庁長官の新田 尚先生と斉藤和雄博士，および朝倉書店編集部から多くの有益なコメントを頂いた．ここに感謝致します．また，本書のもとになった観測データは，気象庁などの長年にわたる業務の中で得られたものである．観測やデータの管理に携わってきた方々に改めて敬意を表します．

索　　　引

欧　文

ENSO　25
GPS　13, 140
IPCC　16, 22, 123
　　——第1次評価報告書　22
　　——第4次評価報告書　17, 22, 123
NDVI　142
SET*　55
WBGT　55

ア　行

アメダス　12, 68, 73, 97, 112, 135

異常気象　7, 22, 25, 78
一般風　83, 89
移動平均　27, 31

ウィンドプロファイラ　13
雲量　129, 142

エルニーニョ　25, 110
エルニーニョ・南方振動　25
煙霧　57

大雨　6, 7, 112, 115-117, 121, 124, 132, 136
大阪　10, 52, 78, 97, 101, 103
温位　39
温室　20
温室効果　18, 44, 62
温室効果ガス　21
温度計　70, 99

カ　行

海風　81, 82, 86, 89, 105, 143
海面水温　25, 67, 81
海陸風　81
かき混ぜ（建物による）　46
拡散　21, 37, 43, 44, 68, 82, 92, 106
下降気流　82, 85, 118
火山　22, 25, 26
カスリーン台風　8, 132
風の道　88
雷　140, 142
雷監視（探知）システム　13, 140
雷ナウキャスト　134
乾いたフェーン　104
寒気層　57, 59
乾燥化　54, 56, 58, 60
乾燥断熱減率　39, 104
関東大水害　8, 10, 132
関東地方　10, 93, 100, 103, 105, 107, 132
関東平野　8, 59, 86, 91, 135
環八雲　143
寒冷化　22

気化熱　36, 118
危険率　75
気候変動　24, 56, 64, 78, 108, 123
気候変動に関する政府間パネル　16
気象衛星　13
気象官署　12, 65, 97, 112
気象観測　12, 70
気象災害　7

気象台　12
凝結核　57, 135, 146
凝結熱　104, 118
極値統計　116
霧　5, 55, 58, 146
金星　62

空間代表性　68, 99
グスコーブドリの伝記　26
区内観測　12, 67, 99, 113, 122
熊谷　12, 97, 106
クールアイランド　49, 90
クロスオーバー　46

ゲリラ豪雨　115, 132
検定（測器の）　70
検定（統計的）　75

広域海風　87, 93, 108
広域大気汚染　87
広域ヒートアイランド　92, 106, 135
高温化（都市の）　32, 60
光化学スモッグ　87
皇居　49
混合層　38, 45, 82, 89, 90, 92, 106, 141

サ　行

再現期間　117
再現降水量　117
最高気温　4, 45, 71, 84, 93, 97, 100, 106, 108
最低気温　4, 45, 72
桜　5
　　——の開花日　5
　　——の満開日　5

索引

山岳性降水　114, 121, 141
3大都市圏　100, 106

湿球黒球温度　55
湿度　5, 54, 104
シミュレーション　22, 91, 137, 143, 144
湿ったフェーン　103
霜　5, 59
弱風フェーン　105, 108
終雪　5, 59
終霜　5, 60
収束　89, 93, 118, 135, 143
集中豪雨　118, 122, 132
17地点（気候監視のための）　7, 67
週変化　53, 77
蒸散　36, 41
上昇気流　82, 89, 90, 118, 140, 141
蒸発　36, 118, 128
蒸発散　37, 55, 110
蒸発抑制効果　41, 92
障壁効果　141, 145
昭和57年7月豪雨　114
人工排熱　40, 45, 52, 91
新宿御苑　49

水蒸気　54, 124, 140
　——の排出　55, 60
スモッグ　58

正規化植生指数　142
積雲　118, 140, 142, 143
赤外線　19, 36, 39, 43, 45, 55
積雪　25, 59
積乱雲　115, 118, 133, 140, 141, 143
接地逆転　40, 45, 61, 89
全球平均気温　16, 22, 28, 60, 64
線状降水帯　119, 122
セントルイス　139

層状性（層雲系）の雲　118, 135
測候所　12
ゾンデ　13, 45, 66, 140

タ行

大火　7
体感温度　55
大気汚染　56, 87, 136, 146
大気大循環　24, 123
代替データ　17
台風　7, 10, 29, 114, 122
台風12号（2011年）　8, 123
台風23号（2004年）　116, 121
太平洋高気圧　39, 81, 103
対流（混合層内の）　38, 92, 141
対流性の雲　118, 135
多治見　97, 110
多重反射　43
竜巻　10, 134
竜巻発生確率ナウキャスト　134
谷風　81, 85, 86, 105, 140
断熱昇温　39, 85, 104
断熱冷却　39, 104, 118
地域気象観測システム　12
地球温暖化　16, 21, 22, 24, 27, 60, 64, 97, 124, 126
蓄熱　43, 45
地形性降水　114
地中温度　40
中央気象台　1
中小都市　7, 34, 55, 60, 67
貯水型雨量計　127

通風筒　70
筑波山　10, 79

データレスキュー　67
転倒升雨量計　127

東海豪雨　119, 122
東京　1, 7, 32, 40, 45, 52, 55, 59, 60, 77, 89, 92, 97, 101, 103, 106, 110, 118, 132, 136, 141, 142, 144, 146
東京気象台　1
特異日　29
特別地域気象観測所　13
都市キャノピー　41
都市バイアス　65, 67
ドップラーレーダー　13

ナ行

長崎豪雨　114
名古屋　97, 119
成田空港　34

新潟・福島豪雨　115, 119
二酸化炭素　18, 44, 62
日較差　4
日界　72
日射　19, 36, 55

熱収支　35, 40
熱帯夜　4, 100, 110
熱中症　108
熱的低気圧　85
熱波　109
練馬豪雨　132, 141

濃煙霧　56
濃尾平野　87
濃霧　56

ハ行

排出シナリオ　18, 23
パイロットバルーン　82
函館気候測量所　12
バックビルディング　119
発散　89, 90
初霜　5, 60
初雪　5, 59
微雨　146
比較観測　71
彦根豪雨　117, 121
日だまり効果　68
ヒートアイランド　32, 34, 40, 45, 50, 52, 60, 92, 102, 106, 136, 140, 143, 144
ヒートアイランド循環　89, 140
百葉箱　70, 99
雹　11
標準新有効温度　55
広戸風　105

ファーストエコー　141
フェーン　102, 106, 108
福井豪雨　115, 119
府中（東京都）　34
冬日　4

平均気温　1, 7, 16, 28, 71
平成20年8月末豪雨　119
平年値　27

ボーウェン比　36
放射　19, 36, 55
放射収支　19, 36, 42
放射平衡　19
放射冷却　39, 43
飽和水蒸気量　54, 104, 125
捕捉率（雨量計の）　126
北極振動　25
ボラ　106

マ　行

前橋　106
真夏日　4, 100, 110

室戸台風　8, 10

明治三大洪水（東京の）　10, 117
明治時代　1, 7, 32, 65, 97, 122
メタデータ　73, 127
メトロメックス　139

猛暑　97, 100, 103, 106, 110
猛暑日　3, 100
もや　58

ヤ　行

山風　81, 88
山形　102

やまじ　105
山谷風　81, 84

有意水準　75
雪　59

ラ　行

雷雨　11, 132
ラニーニャ　25, 110
ラポート論争　138
ランダム性　78
乱流　37, 46, 92

陸風　81, 84, 88
緑地　49, 90

冷夏　26
冷気流　88
レーダー　13, 118, 135

ロンドン　56, 61

著者略歴

藤 部 文 昭
　ふじ　べ　ふみ　あき

1955 年　愛知県に生まれる
1983 年　東京大学大学院理学系研究科博士課程修了
現　在　気象庁気象研究所環境・応用気象研究部第 2 研究室・室長
　　　　理学博士

気象学の新潮流 1
都市の気候変動と異常気象
　―猛暑と大雨をめぐって―

定価はカバーに表示

2012 年 4 月 15 日　初版第 1 刷
2019 年 3 月 25 日　　　第 4 刷

著　者	藤　部　文　昭
発行者	朝　倉　誠　造
発行所	株式会社　朝倉書店

東京都新宿区新小川町6-29
郵便番号　162-8707
電　話　03 (3260) 0141
Ｆ Ａ Ｘ　03 (3260) 0180
http://www.asakura.co.jp

〈検印省略〉

教文堂・渡辺製本

Ⓒ 2012 〈無断複写・転載を禁ず〉

ISBN 978-4-254-16771-9　C 3344　　　Printed in Japan

JCOPY 〈出版者著作権管理機構 委託出版物〉

本書の無断複写は著作権法上での例外を除き禁じられています．複写される場合は，
そのつど事前に，出版者著作権管理機構（電話 03-5244-5088，FAX 03-5244-5089，
e-mail: info@jcopy.or.jp）の許諾を得てください．

好評の事典・辞典・ハンドブック

火山の事典（第2版） 　　下鶴大輔ほか 編　B5判 592頁

津波の事典 　　首藤伸夫ほか 編　A5判 368頁

気象ハンドブック（第3版） 　　新田 尚ほか 編　B5判 1032頁

恐竜イラスト百科事典 　　小畠郁生 監訳　A4判 260頁

古生物学事典（第2版） 　　日本古生物学会 編　B5判 584頁

地理情報技術ハンドブック 　　高阪宏行 著　A5判 512頁

地理情報科学事典 　　地理情報システム学会 編　A5判 548頁

微生物の事典 　　渡邉 信ほか 編　B5判 752頁

植物の百科事典 　　石井龍一ほか 編　B5判 560頁

生物の事典 　　石原勝敏ほか 編　B5判 560頁

環境緑化の事典 　　日本緑化工学会 編　B5判 496頁

環境化学の事典 　　指宿堯嗣ほか 編　A5判 468頁

野生動物保護の事典 　　野生生物保護学会 編　B5判 792頁

昆虫学大事典 　　三橋 淳 編　B5判 1220頁

植物栄養・肥料の事典 　　植物栄養・肥料の事典編集委員会 編　A5判 720頁

農芸化学の事典 　　鈴木昭憲ほか 編　B5判 904頁

木の大百科［解説編］・［写真編］ 　　平井信二 著　B5判 1208頁

果実の事典 　　杉浦 明ほか 編　A5判 636頁

きのこハンドブック 　　衣川堅二郎ほか 編　A5判 472頁

森林の百科 　　鈴木和夫ほか 編　A5判 756頁

水産大百科事典 　　水産総合研究センター 編　B5判 808頁

価格・概要等は小社ホームページをご覧ください．